建筑类专业毕业生就业指导丛书

结构工程师入门手册

沈蒲生 编著

中国建筑工业出版社

图书在版编目（CIP）数据

结构工程师入门手册/沈蒲生编著.—北京：中国建筑工业出版社，2005
（建筑类专业毕业生就业指导丛书）
ISBN 7-112-07572-6

Ⅰ.结… Ⅱ.沈… Ⅲ.建筑结构—技术手册 Ⅳ.TU3-62

中国版本图书馆 CIP 数据核字（2005）第 114889 号

建筑类专业毕业生就业指导丛书
结构工程师入门手册
沈蒲生　编著

*

中国建筑工业出版社出版（北京西郊百万庄）
新华书店总店科技发行所发行
北京密东印刷有限公司印刷

*

开本：850×1168 毫米　1/32　印张：7⅛　字数：370 千字
2006 年 1 月第一版　2006 年 1 月第一次印刷
印数：1—3000 册　定价：**15.00** 元
ISBN 7-112-07572-6
（13526）

版权所有　翻印必究
如有印装质量问题，可寄本社退换
（邮政编码 100037）

本社网址：http://www.cabp.com.cn
网上书店：http://www.china-building.com.cn

本书主要介绍了土木工程专业毕业生应具备的条件、素质、以及就业类型及就业岗位等基本知识。并从土木工程专业毕业生以后将从事的工作岗位实际出发，着重介绍了注册结构工程师制度和注册结构工程师考试。本书列举了最近几年我国注册结构工程师考试模拟题及答案。最后，本书简单介绍了国外注册结构工程师情况以及我国注册结构工程师考试使用的规范、规程及参考书目。

　　本书适合土木工程专业毕业生和有志于从事结构工程设计的人员阅读、使用，也可供欲报考结构工程师的人员参考。

*　　*　　*

　　责任编辑：王　跃　吉万旺
　　责任设计：崔兰萍
　　责任校对：关　健　张　虹

前　言

一个有志于结构工程工作的土木工程专业毕业生，将面对校门、单位门、执业注册门等许多"门"。但是，他们在毕业后走出了校门并且进入了单位门，还只是工作的开始，还不具备独立执业的资格。即便是几年后取得了一些设计经验并且晋升为工程师，但是没有通过注册工程师考试并进行注册，他们也不具备独立执业的资格。正如一个学习驾驶的人，虽然从开始学习开车到基本上能驾驶，但是没有通过有关部门的考试并获得驾驶执照之前，是不能随便上路的。因此，"注册门"对于结构工程师而言，是十分重要的。本书所指的"入门"便是指"入注册门"。

本书将向即将毕业和已经毕业、并且有志于从事结构工程工作的土木工程专业学生，介绍土木工程专业毕业生应当具备的条件及素质，土木工程专业毕业生的就业类型、就业岗位和就业意见与建议，我国的注册结构工程师制度和注册结构工程师考试情况，给出了注册结构工程师基础考试模拟题，同时还对国外注册结构工程师的情况作了简要介绍。希望本书能对一个有志于从事结构工程工作的土木工程专业毕业生在今后的道路上有所帮助。

湖南大学土木学院学生指导员秦鹏为本书提供了一些毕业生就业方面的材料。本书在编写过程中，还参考和引用过一些其他材料，谨向他们的作者一并表示感谢。

编者

2005 年元月

目 录

1 土木工程专业毕业生应具备的条件及素质 …………… 1
　1.1 土木工程专业的培养目标及业务范围 …………… 1
　　1.1.1 培养目标 ………………………………… 1
　　1.1.2 业务范围 ………………………………… 1
　1.2 对土木工程专业毕业生的基本要求 ……………… 2
　　1.2.1 思想道德、文化和心理素质 ……………… 2
　　1.2.2 知识结构 ………………………………… 2
　　1.2.3 能力结构 ………………………………… 3
　　1.2.4 身体素质 ………………………………… 4
　1.3 土木工程专业的课程设置与实践教学环节 ……… 4
　　1.3.1 设置原则 ………………………………… 4
　　1.3.2 课程设置 ………………………………… 5
　　1.3.3 实践教学环节 …………………………… 9
　1.4 结构工程师应具备的条件及素质 ………………… 12
2 土木工程专业毕业生的就业类型及就业岗位 ………… 13
　2.1 大学毕业生就业计划的形成和就业程序 ………… 13
　　2.1.1 就业计划的形成 ………………………… 13
　　2.1.2 毕业生实现就业的程序 ………………… 13
　　2.1.3 毕业生违约手续的办理 ………………… 14
　　2.1.4 报到证的作用 …………………………… 14
　2.2 土木工程专业毕业生的就业类型 ………………… 14
　2.3 土木工程专业毕业生的就业岗位 ………………… 15

  2.3.1 按执业资格 …………………………………………… 15
  2.3.2 按技术职称 …………………………………………… 16
  2.3.3 按行政与技术职务 …………………………………… 16
 2.4 关于就业的意见与建议 …………………………………… 17
 2.5 一份考卷 …………………………………………………… 24
3 注册结构工程师制度 …………………………………………… 32
 3.1 推行注册结构工程师制度的必要性 ……………………… 32
 3.2 注册结构工程师的业务范围及分级 ……………………… 33
 3.3 考试与注册规定 …………………………………………… 35
 3.4 注册结构工程师的权利与义务 …………………………… 37
4 注册结构工程师考试 …………………………………………… 38
 4.1 报考条件 …………………………………………………… 38
  4.1.1 2004 年度全国一级注册结构工程师基础考试报考条件 … 38
  4.1.2 2004 年度全国一级注册结构工程师专业考试报考条件 … 39
  4.1.3 2004 年度全国二级注册结构工程师考试报考条件 …… 40
 4.2 考试科目及考试大纲 ……………………………………… 42
  4.2.1 考试科目 ……………………………………………… 42
  4.2.2 考试大纲 ……………………………………………… 42
 4.3 各科题量、时间、分数分配及题型特点 ………………… 60
 4.4 考前复习要点 ……………………………………………… 62
 4.5 考试注意事项 ……………………………………………… 63
5 考试模拟题及答案 ……………………………………………… 65
 5.1 考试模拟题 ………………………………………………… 65
 5.2 考试模拟题答案 …………………………………………… 191
6 国外注册工程师情况简介 ……………………………………… 198
 6.1 美国注册工程师情况简介 ………………………………… 198
  6.1.1 考试与注册机构 ……………………………………… 198
  6.1.2 考试制度与方法 ……………………………………… 199

  6.1.3 评分 ··· 201
  6.1.4 职业道德准则 ·· 202
 6.2 英国注册工程师情况简介 ······································· 203
  6.2.1 考试与管理机构 ······································ 203
  6.2.2 注册资格分级 ·· 203
  6.2.3 注册条件 ·· 204
7 考试使用的规范、规程及参考书目 ································· 207
 7.1 考试使用的规范、规程 ··· 207
  7.1.1 2004 年度全国一级注册结构工程师专业考试
     所使用的标准 ·· 207
  7.1.2 2004 年度全国二级注册结构工程师专业考试
     所使用的标准 ·· 208
 7.2 参考书目 ··· 209
  7.2.1 基础考试参考书目 ···································· 209
  7.2.2 专业考试参考书目 ···································· 213

1 土木工程专业毕业生应具备的条件及素质

1.1 土木工程专业的培养目标及业务范围

高等学校土木工程专业指导委员会经过多年的努力，制定了《土木工程专业本科教育（四年制）培养目标和毕业生基本规格》及其相应的配套文件《土木工程专业本科（四年制）培养方案》[*]。在这两个文件中，对土木工程专业本科（四年制）的培养目标和业务范围等问题明确规定如下：

1.1.1 培养目标

培养适应社会主义现代化建设需要，德、智、体全面发展，掌握土木工程学科的基本理论和基本知识，获得工程师基本训练并具有创新精神的高级专门人才。

毕业生能从事土木工程的设计、施工与管理工作，具有初步的项目规划和研究开发能力。

1.1.2 业务范围

能在房屋建筑、隧道与地下建筑、公路与城市道路、铁道工程、桥梁、矿山建筑等的设计、施工、管理、咨询、监理、研究、教育、投资和开发部门从事技术或管理工作。

---

[*] 高等学校土木工程专业指导委员会编制，高等学校土木工程专业本科教育培养目标和培养方案及课程教学大纲，中国建筑工业出版社，2002

1.2 对土木工程专业毕业生的基本要求

1.2.1 思想道德、文化和心理素质

热爱社会主义祖国，拥护中国共产党的领导，理解马列主义、毛泽东思想和邓小平理论的基本原理；愿为社会主义现代化建设服务，为人民服务，有为国家富强、民族昌盛而奋斗的志向和责任感；具有敬业爱岗、艰苦奋斗、热爱劳动、遵纪守法、团结合作的品质；具有良好的思想品德、社会公德和职业道德。

具有基本的和高尚的科学人文素养和精神，能体现哲理、情趣、品位、人格方面的较高修养。

保持心理健康，努力做到心态平和、情绪稳定、乐观、积极、向上。

1.2.2 知识结构

（1）人文、社会科学基础知识

理解马列主义、毛泽东思想、邓小平理论的基本原理，在哲学及方法论、经济学、法律等方面具有必要的知识，了解社会发展规律和21世纪发展趋势，对文学、艺术、伦理、历史、社会学及公共关系学等若干方面进行一定的修习。掌握一门外国语言。

（2）自然科学基础知识

掌握高等数学和本专业所必须的工程数学，掌握普通物理的基本理论，掌握与本专业有关的化学原理和分析方法，了解现代物理、化学的基本知识，了解信息科学、环境科学的基本知识，了解当代科学技术发展的其他主要方面和应用前景。掌握一种计算机程序语言。

（3）学科和专业基础知识

掌握理论力学、材料力学、结构力学的基本原理和分析方

法，掌握工程地质与土力学的基本原理和实验方法，掌握流体力学（主要为水力学）的基本原理和分析方法。

掌握工程材料的基本性能和适用条件，掌握工程测量的基本原理和基本方法，掌握画法几何基本原理。

掌握工程结构构件的力学性能和计算原理，掌握一般基础的设计原理。

掌握土木工程施工与组织的一般过程，了解项目策划、管理及技术经济分析的基本方法。

（4）专业知识

掌握土木工程项目的勘测、规划、选线或选型、构造的基本知识。

掌握土木工程结构的设计方法、CAD和其他软件应用技术。

掌握土木工程基础的设计方法，了解地基处理的基本方法。

掌握土木工程现代施工技术、工程检测与试验的基本方法。

了解土木工程防灾与减灾的基本原理及一般设计方法。

了解本专业的有关法规、规范与规程。

了解本专业发展动态。

（5）相邻学科知识

了解土木工程与可持续发展的关系。

了解建筑与交通的基本知识。

了解给排水的一般知识，了解供热通风与空调、电气等建筑设备、土木工程机械等的一般知识。

了解土木工程智能化的一般知识。

1.2.3 能力结构

（1）获取知识的能力

具有查阅文献或其他资料、获得信息、拓展知识领域、继续学习并提高业务水平的能力。

（2）运用知识的能力

具有根据使用要求、地质地形条件、材料与施工的实际情况,经济合理、安全可靠地进行土木工程勘测和设计的能力。

具有解决施工技术问题和编制施工组织设计、组织施工及进行工程项目管理的初步能力。

具有工程经济分析的初步能力。

具有进行工程监测、检测、工程质量可靠性评价的初步能力。

具有一般土木工程项目规划或策划的初步能力。

具有应用计算机进行辅助设计、辅助管理的初步能力。

具有阅读本专业外文书刊、技术资料和听说写译的初步能力。

(3) 创新能力

具有科学研究的初步能力。

具有科技开发、技术革新的初步能力。

(4) 表达能力和管理、公关能力

具有文字、图纸、口头表达的能力。

具有与工程项目设计、施工、日常使用等工作相关的组织管理的初步能力。

具有社会活动、人际交往和公关的能力。

1.2.4 身体素质

具有一定的体育和军事基本知识,掌握科学锻炼身体的基本技能,养成良好的体育锻炼和卫生习惯,受到必要的军事训练,达到国家规定的大学生体育和军事训练合格标准,形成健全的心理和健康的体魄,能够履行建设祖国和保卫祖国的神圣义务。

1.3 土木工程专业的课程设置与实践教学环节

1.3.1 设置原则

按教育部 1998 年专业目录设置的土木工程专业,涵盖了原来的建筑工程、交通土建工程、矿井建设、城镇建设（部分）等专业，是一个宽口径的专业。专业的拓宽，在课程设置上，主要体现在专业基础课程的拓宽。土木工程专业的课程设置与实践教学环节，应满足培养目标的要求，使培养对象在结束本科学业后，具备从事土木工程各个领域设计、施工、管理工作的基本知识和能力，经过一定的训练后，具有开展研究和应用开发的初步能力。

本方案所提出的专业课程设置与实践教学环节为专业指导委员会的建议性意见。对专业课程和实践教学环节的设置、内容编排、教学方式等，在体现宽口径专业基本要求的基础上，应充分反映各校培养特色，结合各院校的实际情况，进行具体安排。

1.3.2 课程设置

（1）专业主干学科：力学、土木工程

（2）课内总学时

教学计划规定的课内总学时（即对应毕业总学分要求的课内总学时）上限一般控制在2500学时；在实现课程整体优化的前提下，鼓励逐步减少课内总学时。

（3）课程结构和相对比例

课程结构分为公共基础课、专业基础课和专业课。

在课内总学时中的比例建议为：公共基础课一般不低于50%，专业基础课和专业课分别为30%和10%左右。总学时中的10%，由各院校根据自己情况，分别安排在上述三部分课程中。

（4）课程性质

课程性质分为必修课和选修课（含限定选修课和任意选修课）。以下所列课程名后注"*"者，其课程内容一般应作为必修。本方案中未加"*"者，可作为选修，由各院校决定是否开设。课程总量中，至少应有10%左右的课程为选修课程。

(5) 建议课程

本文件建议的下列课程,仅在一般含义上指出了课程内容,该内容可以根据各院校的情况单独或组合在同名或不同名的课程中。

1) 公共基础课

公共基础课包括人文社会科学类课程、自然科学类课程和其他公共课程。

①人文社会科学类课程

马克思主义哲学原理*

毛泽东思想概论*

邓小平理论概论*

法律(法律基础*、土木工程建设法规*)

经济学(政治经济学、经济学或工程经济学)

管理学

语言(大学英语*、大学语文或科技论文写作)

文学和艺术

伦理(伦理学、职业伦理、品德修养)

心理学或社会学(公共关系学)

历史

②自然科学类课程

高等数学*

物理*

物理实验*

化学*

化学实验

环境科学

信息科学

现代材料学

③其他公共类课程

体育*

军事理论*

计算机文化

计算机语言与程序设计

2) 专业基础课

专业基础课构成了土木工程专业共同的专业平台，为学生在校学习专业课程和毕业后在专业的各个领域继续学习提供坚实的基础。这部分课程包括了工程数学、工程力学、流体力学、结构工程学、岩土工程学的基础理论以及从事土木工程设计、施工、管理所必须的专业基础理论。

专业基础课程：

线性代数*

概率论与数理统计*

数值计算*

理论力学*

材料力学*

结构力学*

弹性力学

流体力学*或水力学*

水文学

土力学*或岩土力学*

工程地质*

土木工程概论*

土木工程材料*

画法几何*

工程制图与计算机绘图*

工程测量*

荷载与结构设计方法*

混凝土结构设计原理*

砌体结构
钢结构设计原理*
组合结构设计原理
基础工程*
土木工程施工*
建设项目策划与管理*
工程概预算*

专业基础课程教学要求可参考专业指导委员会编写的课程教学大纲。

3）专业课

专业课的教学目的，在于通过具体工程对象的分析，使学生了解一般土木工程项目的设计、施工等基本过程，学会应用由专业基础课程学得的基本理论，较深入地掌握专业技能，建立初步的工程经验，以适应当前国内用人单位对土木工程专业本科人才基本能力的一般要求。

专业课程的设置，可以有多种方式，如设立若干课群组，每一课群组集中对土木工程中某一类工程对象的勘察、设计、施工、管理进行教学，要求学生系统修习某一课群组的基本课程（或核心课程），并修习其他课群组的若干门课程（一主多辅模式）。所设立的课群组，也可以是以某一类工程对象为主，但配以若干门其他工程对象的课程（主辅组合模式）。有条件的学校，也可实行完全打通模式，即要求学生的专业课程学习能涉及较宽的范围。无论采用何种模式，应注意体现下述原则：

①学生经过专业课程学习，较系统地掌握土木工程项目规划、设计、施工等的主要过程。当设立课群组时，各课群组的课程内容一般应包含工程项目的规划或选线（选型）、结构设计、施工、检测或试验，以及相关的课程设计、专业实习环节等。

②专业课程学习的涉及面，应在土木工程领域内有一定宽

度。当采取一主多辅、主辅组合模式时，院校设立的课群组应至少涉及土木工程领域中的建筑工程类、交通土建工程类、地下—岩土—矿井建设类课程中的两类。

对于一主多辅模式的课群组，本专业指导委员会另提出建议课程内容以供参考。

1.3.3 实践教学环节

（1）实践教学环节的地位

实践教学环节是土木工程教学中非常重要的环节，在现代工程教育中占有十分重要的位置，是培养学生综合运用知识、动手能力和创新精神的关键环节，它的作用和功能是理论教学所不能替代的。各校要注重把实践教学的改革纳入整个教学内容、课程体系的改革当中，发挥整体教育功能。

（2）实践教学环节的主要内容和学时

1）内容及学时

基础与专业实践教学环节包括计算机应用、实验、实习、课程设计和毕业设计（论文）等类别。总学时一般安排在40周左右。

2）实践教学环节的性质

土木工程专业的实践教学环节均为必修。有组织的科技创新等活动，可以纳入实践教学环节。

3）建议设置的实践教学环节

①计算机应用类

计算机上机实习，可结合在各种课程教学和设计类教学过程中，总实习机时一般应达200学时。

②实验类

大学物理实验

力学实验

材料实验

土工实验

结构实验

③实习类

认识实习

测量实习

地质实习

生产实习

毕业实习

④课程设计类

勘测或房屋建筑类课程设计

结构类课程设计

工程基础类课程设计

施工类课程设计

⑤毕业设计（论文）

一般不少于14周

（3）主要实践教学环节的基本要求

1）计算机实习类

了解计算机基础、算法与数据结构，掌握若干种计算机实用软件。

掌握与各门课程有关的工程软件应用方法，熟悉CAD制图。

2）实验类

了解所学课程的实验方法，正确使用仪器设备。

训练实验动手能力，培养科学实验及创新意识。

掌握一般结构实验的基本方法，初步具备结构检验的技能。

3）实习类

掌握各项实习内容及有关的操作和测量技能，能初步应用理论知识解决工程实际问题。

了解土木工程师的工作职责范围，参与部分或全部工作。

了解土木工程的项目管理，正确使用我国现行的施工规范和规程。

4) 课程设计类

了解与土木工程有关的法规和规定，熟悉技术规程中与课程设计有关的主要内容。

了解工程师的工作过程和工作职责，了解设计过程中各工种之间的配合原则。

通过工程设计，综合应用所学基础理论和专业知识，具有独立分析解决一般土木工程技术问题的能力。

有能力用书面及口头的方式清晰而准确地表达设计意图及各项技术观点。

5) 毕业设计（论文）

知识方面，要求能综合应用各学科的理论、知识与技能，分析和解决工程实际问题，并通过学习、研究与实践，使理论深化、知识拓宽、专业技能延伸。

能力方面，要求能进行资料的调研和加工，能正确运用工具书，掌握有关工程设计程序、方法和技术规范，提高工程设计计算、理论分析、图表绘制、技术文件编写的能力；具有实验、测试、数据分析等研究技能，有分析与解决问题的能力；有外文翻译和计算机应用的能力。

素质方面，要求树立正确的设计思想，严肃认真的科学态度和严谨的工作作风，能遵守纪律，善于与他人合作。

德、智、体全面发展和创新精神是毕业生应具备条件及素质的核心内容。

高等学校土木工程专业指导委员会强调指出，提出的土木工程专业教育的基本模式和课程框架，反映了现阶段宽口径土木工程专业本科教学的基本要求，但文件中对专业基础课程、专业课程（课程内容）设置、组织等的建议，是柔性的，仅供各院校参考。专业指导委员会鼓励各院校在坚持宽口径专业基本要求的基础上，根据院校条件，制定自己的培养计划并组织实施，创造出鲜明的院校特色。

对于土木工程专业专科和中专的毕业生而言，德智体全面发展和创新精神培养与本科毕业生应该是相同的。但是，在基础课、专业基础课和专业课的深度和广度以及侧重点上，与本科毕业生有所区别。大专和中专在理论深度上的要求可以浅一些，但是在实践性环节上则要求更强一些。

1.4 结构工程师应具备的条件及素质

对于有志于从事结构设计的土木工程专业学生而言，在全面学好土木工程专业所规定的各门课程的基础上，尤其要对与结构设计有关的数学、力学、结构、建筑材料、施工、课程设计、毕业设计等课程和实践性环节有较好地掌握，也就是说，他们要具有较好的数学基础，有清晰的力学概念，能较熟练地设计结构。与数学、力学、结构这条主线特别相关的课程关系如图1.1所示。

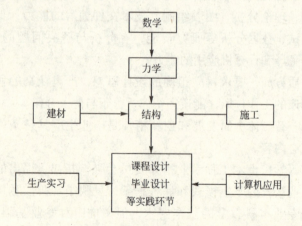

图 1.1 结构设计主要课程与教学环节

2 土木工程专业毕业生的就业类型及就业岗位

2.1 大学毕业生就业计划的形成和就业程序

2.1.1 就业计划的形成

为了使毕业生能较好地就业,国家和高校的有关部门每年都要按照下列程序开展工作:

各院系统计毕业生生源基本信息→与学校教务部门衔接,核对专业名称和毕业生相关信息,确保毕业证、学位证、报到证三证统一→将全校生源信息与当年录取审批名册核对,形成生源计划→省、市教育厅或教委对毕业生进行资格审查→与各省、市毕业生就业主管部门衔接生源计划→将单位信息与生源信息合并,形成就业建议计划草案→组织核对毕业生就业建议计划→将就业建议计划上报教育部,形成派遣计划,同时与各省市衔接→执行派遣计划。

2.1.2 毕业生实现就业的程序

毕业生应配合院系学生办仔细核对本人生源信息→与用人单位供需见面→确定就业意向→填写就业协议书个人信息及应聘意见,院系审核盖章→接收单位的协议书上签署意见并加盖公章(若接收单位无人事自主权,加盖主管部门公章)→学校就业办签署意见并加盖公章→将协议书交就业办、院系各一份,本人保留一份,返回单位一份→核对学校下发的就业计划→领取就业报到证及户口迁移证,按时赴用人单位报到。

2.1.3 毕业生违约手续的办理

毕业生与用人单位签订协议后，应严肃认真地履行协议，按时到用人单位报到。履行协议是毕业生诚信度的一种反映。如果毕业生因故不能执行与签约单位的协议，需向学校提交违约书面申请→院、系审核→学校审核（不同意回原签约单位就业）→至签约单位开具退函，并持新单位接收函到就业办办理违约手续→领取新协议书，签订新接收单位的就业协议（若是派遣后的调整改派，除以上步骤外，另需到省、市教育厅或教委重新开具就业报到证，到户政管理部门更改户口迁移证→学校将其档案转往新的用人单位）。

2.1.4 报到证的作用

报到证具有以下作用：
（1）到接收单位报到的凭证；
（2）证明持证的毕业生是纳入国家统一招生计划的学生；
（3）凭报到证及其他有关材料办理户口手续；
（4）干部身份证明；
（5）人才服务机构存档的证明。

因此，毕业生在领取报到证后应妥善保存，直至到达接收单位报到时，交给接收单位。

2.2 土木工程专业毕业生的就业类型

如同上一章土木工程专业毕业生的业务范围所述，土木工程专业毕业生根据自己主修的课程和爱好，可以选择去房屋建筑、隧道与地下建筑、公路与城市道路、铁道工程、桥梁或矿山建筑等部门工作。毕业生根据单位的需要和自己的爱好，可能从事设计、施工、管理、咨询、监理、研究、教育或投资与开发等方面的工作。

随着我国由计划经济向社会主义市场经济的转变，以往毕业生由国家统一分配的现象已不复存在,代之以毕业生自主择业。

改革开放以来,我国涌现出一大批民营的设计、施工、监理、房地产等企业,经过20多年的发展,它们中有许多无论从规模还是效益方面都很好,毕业生应破除旧的择业观念,把民营企业也作为自己就业选择的范围。

2.3 土木工程专业毕业生的就业岗位

土木工程专业毕业生进入工作单位以后,可能从事技术工作,也可能从事管理工作。技术和管理有时很难分开,技术工作中有管理,管理工作中也包含技术。

以技术工作为主的毕业生,在未来的若干年内,工作岗位按不同的要求有所不同,如:

2.3.1 按执业资格

土木工程专业毕业生以见习技术员、技术员开始自己的执业生涯,经过一段时间的努力,能独立完成一定复杂程度工程的设计、施工、监理等工作,晋升为工程师。但是,从执业方面考虑,一个已经获得工程师职称但是没有参加并通过注册工程师考试和没有进行注册的技术人员,不具备独立承担工程设计、施工、监理的资格,或者只有从事小型工程设计、施工、监理的资格。土木工程技术人员只有在参加并通过注册工程师考试和进行注册以后,才正式具备从事设计、施工、监理等执业资格。这就相当于驾驶汽车,驾驶员从学习开车到会开车,如果未参加并通过相关考试,未领取到驾驶执照,就不具备正规驾驶的资格。只有通过了相关考试并领取了驾驶执照以后,才正式具备驾驶的资格。从这个意义上说,土木工程专业毕业生的技术岗位可分为:

2.3.2 按技术职称

随着工作年限和工作经历的增加，土木工程技术人员总是由不胜任工作到胜任工作，由只能处理简单技术问题到能够处理复杂技术问题。国家根据不同人的不同能力，规定了不同的技术职称。

土木工程技术人员的职称可分为：

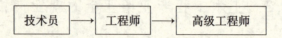

技术人员属初级职称，工程师属中级职称，高级工程师属高级职称。在高级工程师职称中，对于那些资深的工程技术人员，经国家人事部门评定，可享受更高一级的生活待遇。一般的高级工程师是副高级职称，因此，口头上有时将可享受更高一级生活待遇的高级工程师称为正高工，或教授级高工，或研究员级高工。

2.3.3 按行政与技术职务

不同性质的单位有不同的行政与技术职务，相同性质的单位（如设计院），随着规模、人员分布等不同，行政与技术职务的设置也不完全相同。以建筑设计院为例，一般的行政与技术职务为：

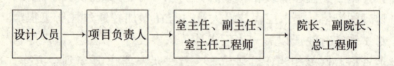

有的设计院设有分院，分院的独立性比室可能大一些。国家对一个单位的行政与技术职务没有严格的规定，各单位可以根据自己的工作需要自主确定。特别是现在，许多土建单位的体制正在改革，由国有变为股份制企业，企业的自主权正在日益扩大，企业内董事长、副董事长、总经理等新的职务正在取代以往的某些职务。

2.4 关于就业的意见与建议

1999年是全国高校扩招的第一年，2003年是扩招后的第一届毕业生走入社会。2003年全国普通高校毕业生212万人，比2002年增加67万人，比2001，增加97万人。今后几年内，预计待就业的大学生人数也将迅速增加，就业市场供大于求，许多毕业生竞争一个岗位。要到2015年，市场供需比才能基本趋于平衡。从客观上讲，当前，大学生就业遭遇三碰头：与企业下岗职工再就业碰头；与普通高校扩招后造成的就业压力碰头；与农村闲置剩余劳动力向城市就业碰头。除了上述所讲的三碰头之外，随着改革进程的不断深化，国有大中型企业在自身建设方面对人才的要求不断提高，提高劳动效率直接导致了大幅度裁员的现象；政府机关、事业单位进行机构改革，对应届毕业生需求有限；伴随科学技术的日益进步，社会生产力飞速发展，社会生产向工业化、现代化转变，影响了毕业生的就业；部分用人单位通过前几年的招聘活动，储备了一定量的人才，对毕业生的需求量有所下降；市场对人才层次要求高，对人才的工作经历与动手能力要求高，也给毕业生就业带来一定的影响。

近年来，就业形势凸现以下特点：

(1) 各地人才政策更加有利于毕业生就业。一方面，严格职业资格准入制度，用人单位的新进人员以高素质的高校毕业生优先。另一方面，取消了限制毕业生合理流动的政策。

(2) 从社会对不同层次毕业生的需求看，毕业研究生的需求依然旺盛，本科生需求相对平衡。

(3) 出国、考研等升学人数增加，升学成为缓解就业压力的重要渠道。升学不仅可以缓解就业压力，而且还可以通过提升毕业生的学历层次逐步提高其就业竞争力。

（4）地区效应更加突出。从毕业生就业区域流向来看，经济欠发达地区毕业生出省（区）就业的人数增加，但毕业生流向经济发达地区和追求到发达地区就业的倾向明显，使经济欠发达的地区人才短缺，而经济发达地区人才竞争的激烈程度增加。

（5）复合人才受青睐，文科生就业难度相对较大。从学科门类看，文科生、长线专业就业相对困难，理工科、应用技术类社会需求较旺。从具体行业看，金融机构、汽车行业吸纳的人才比较多。石油、化工类人才的需求将十分旺盛，化工专业毕业生还能享受全国"联网交流"的政策。随着城市基础建设的加快，交通、桥梁、公路等"传统专业"目前供不应求。

（6）教师行业人才需求量大。高等学校为了应对规模大幅度扩张的需要，急需补充师资约10万人。严格实行职业资格准入制度，清退不合格的中小学教师，需要高素质的高校毕业生充实教师队伍。

（7）人才招聘会更趋于合理化。研究生、建筑类、政法类等专题化会场更方便毕业生；招聘会主办方合作、用人单位组成招聘兵团的集团化运作预示着人才市场合纵连横的新格局正在形成。用精品意识办精品市场的品牌化经营体现新的思路。为用人单位和求职个人提供周到的个性化服务，是许多人才招聘会打出的又一张"王牌"。

（8）受全球经济大环境的影响，外企招人的空间日益缩小。国企无疑再次成为一些大学生争相投奔的目标，尤其是一些知名国企。毕业生到民企就业、自主就业、自主创业的意识不断增强，到西部就业的学生越来越多。

（9）懂外语懂技术的复合型人才很受用人单位欢迎，人格品德与实践能力、创新能力较受用人单位关注。

（10）未来二三十年内，我国建筑业仍然处在黄金时期，但土木工程专业毕业生的就业形势会愈来愈严峻。

改革开放20年以来，随着市场经济格局的形成，以农业为主的第一产业发展趋于稳定，而二、三产业发展迅速。国民经济产业结构的调整基本完成由工业化初级阶段向实现工业化阶段过渡，第二产业占了主导地位，第三产业的发展十分迅速。在建筑业发展的带动下，建筑业产出占国民生产的比重将进一步增加，在21世纪第一个10年，比重将达8%~10%，并保持到21世纪前二三十年，工业化进一步成熟并基本实现的阶段，建筑业所占比重将处于峰值，随后将稳步下降。有的专家分析：

①建筑业增加值随着工业化逐步实现进一步增加，完成工业化的转变之后逐渐放慢速度。

②建筑业占国民生产总值的比重继续上升，在21世纪初达到峰值，然后产出比重下降，以建筑业为支柱的产业的历史结束。

③建筑业就业规模继续增长，但是速度放慢。有规模型向高新技术型转向。

④21世纪二三十年代将是建筑业的黄金时期。

上述资料表明我国建筑行业在未来30年内还有广阔的发展前景，但是土木工程毕业生的人数愈来愈多，就业形势也不容乐观。

以湖南大学土木工程专业为例，湖南大学土木学院拥有土木、水利博士后科研流动站和土木工程一级学科博士学位授予权，结构工程学科为国家重点学科，有7个二级学科博士点和8个二级学科硕士点，是1995年全国首批通过土木工程专业评估的十所高校之一。湖南大学土木学院以学科建设为龙头，以教学改革为手段，强化教学管理，加强实践环节，努力提高毕业生质量，为社会培养高素质复合型人才，毕业生一直受到社会各界的普遍欢迎。毕业生分布于全国各地，他们有从事技术并在单位成为技术核心，有从事管理工作，在社会上有较好的声誉。20世纪80年代，一个毕业生平均有5个左右单位相求；到了20世纪90年代，一个毕业生的相求单位减至3个左右；21世纪初，这个比例进一步减少。表2.1和表2.2分别为湖南大学土木工程学院2002届和2003届毕业生就业供需比统计。

湖南大学土木工程学院2002届毕业生就业供需比统计　　表2.1

情况＼专业	土木（建工）	土木（交建）	给水排水	供热通风	工程管理	总计
学　生	161	108	62	96	56	483
需　求	193	153	112	103	41	602
供需比	1∶1.20	1∶1.42	1∶1.80	1∶1.07	1∶0.73	1∶1.25

湖南大学土木工程学院2003届毕业生就业供需比统计　　表2.2

情况＼专业	土木（建工）	土木（交建）	给水排水	供热通风	工程管理	总计
学　生	141	117	86	91	26	461
需　求	140	121	71	88	38	458
供需比	1∶0.99	1∶1.03	1∶0.83	1∶0.97	1∶1.46	1∶0.99

表2.3为湖南大学土木学院2002届毕业生就业地域分布的情况。

湖南大学土木学院2002届毕业生就业分布情况统计表　　表2.3

专业＼地区	长沙	广东	北京	上海	江浙	湖北	西部
土木（建工）	52	39	10	5	11	7	7
土木（交建）	22	18	8	1	5	9	6
给水排水	16	12	2	3	4	3	4
工程管理	12	7	0	2	2	4	7
供热通风	18	14	2	8	17	1	3
总　数	120	90	22	19	39	22	24
比　率	24.8%	18.6%	4.56%	3.9%	8.1%	5.6%	4.9%

表 2.4 为湖南大学土木工程学院 2002 届毕业生就业单位性质情况统计。

湖南大学土木工程学院 2002 届毕业生就业单位性质情况统计　表 2.4

性质\专业	科研单位	企业	机关	部队	其他	专业人数
土木（建工）	46	57	8	4	34	161
土木（交建）	29	56	5	1	11	108
给水排水	20	28	1	1	9	62
工程管理	13	41	5	4	22	56
供热通风	8	26	8	0	5	96
总　数	116	208	27	10	81	483

从上述就业需求表可以看出：

（1）与以往相比，用人单位用人需求数量与毕业生人数的比例有所下降，用人单位对毕业生的用人标准提高。

（2）影响当前毕业生就业的主要难点及误区

客观方面：由于就业形势的严峻性和市场对各专业需求的不均衡性，导致了毕业生就业难的局面。

主观方面：毕业生的三缺与三过。三缺是指缺乏社会责任感，缺乏对自身的认识与定位，缺乏对社会市场的了解；三过是指过度追求工作待遇，过度追求工作地域，过度追求工作环境。

针对上述情况，提出以下意见与建议：

（1）树立正确的择业观，做好职业生涯的规划与设计

面对严峻的就业形势和为自己职业发展着想，大学生有必要按照职业生涯规划理论加强对自身的认识与了解，找出自己感兴趣的领域，确定自己能干的工作也即优势所在，明确切入社会的起点及提供辅助支持、后续支援方式，其中最重要的是

明确自我人生目标，即给自我人生定位。自我定位，规划人生，就是明确自己"我能干什么"、"社会可以提供给我什么机会"、"我选择干什么"、"我怎么干"的问题，使理想可操作化，为介入社会提供明确方向，把职业规划设计落实到大学四年具体的学习生活中去。

（2）苦练内功，提高自身素质

近年来，毕业生就业工作的情况表明，毕业生综合素质是用人单位选拔人才的首要标准，过去单纯注重学生学习成绩的观念有所改观。思想政治素质高，专业知识基础牢，有较强的社会适应能力和较好修养的毕业生受到用人单位的青睐。从湖南大学土木学院2002届毕业生就业数据统计来看，党员干部同学因综合素质较高，在就业竞争中优势明显。就业率达100%，就业质量较好。而专业知识基础差，英语四级没有通过，特别是获取学位证、毕业证有困难的同学和部分思想政治素质差，社会适应能力不强，修养较差的同学在就业中处于劣势地位，甚至无法就业。毕业生综合素质是用人单位选拔人才的首要标准，过去单纯注重学生学习成绩的观念有所改观。思想政治素质高，专业知识基础牢，有较强的社会适应能力和较好修养的毕业生受到用人单位的青睐。

随着市场经济的不断发展，企业间的竞争日益激烈，而企业间的竞争最终是科技的竞争，人才是其中最根本的因素，因而用人单位都希望挑选综合素质高的人才。综合素质的高低将是今后用人单位选择人才的重要标准。

学生综合素质的提高是一个长期的过程，需要从小抓起，特别是大学生入校后的就要有意识加强这方面的工作。把学生自身的提高与个人的前途联系起来，把个人的前途与国家的命运联系起来，从而激发学生学习的动力，这一点相当重要。党的"十六大"明确提出今后的社会是学习型的社会，今后的人才是学习型的人才，我们的学生都要做学习型的人才。

(3) 考研深造也是一个很好的选择

2002 年湖南大学土木学院共招收研究生 160 余名（含博士生），2003 年招生人数超过 200 人，应届毕业生有 51 名被推荐免试攻读硕士研究生，比 98 级保送研究生的名额增长了一倍，其中保送清华、同济等名校的有 11 位同学；预计到今后的研究生招生规模还将继续扩大，保送研究生指标会继续放宽，这对于每个同学都是一种动力也是一种压力。随着社会的进步，科技的发展，对人才的定义与要求也越来越高，高学历、高素质的人才是我们未来的发展方向。从现在做起，树立报考研究生的信心与决心，抓住高校研究生扩招的机遇，继续学习与深造，这是我们的出路。

(4) 树立竞争意识

竞争是市场经济的普遍现象，在就业市场上，供过于求的现状使求职的竞争更加激烈，因此，毕业生要树立勇于面对竞争的观念，学会推销自己，克服被动依赖和消极等待的心理。毕业生在大学生活的时间里，应该抓紧有限的时间，努力弥补自己的不足，提高自己的竞争实力，同时还应保持良好的竞争心态，因为竞争和风险并存，任何人都难免在竞争中遭受挫折，因此，同学们在求职竞争中应正确对待挫折和失败，提高自己的心理承受能力。

(5) 合理定位，找准方向

目前不少大学生把自己的就业目标定得很高，大中城市高薪体面的工作往往是很多人的首选。人往高处走是正常的，但不是所有的人都能达到一定高度。对绝大多数毕业生而言，由于缺乏对岗位的必要了解，一次找到理想工作的并不容易，即使进入了大多数人看好的行业也不可能稳定，因为一些极被看好的行业的人才流动速度远远高于不被看好的行业，不同企业的文化也有很大差距，很多人是难以适应的。因此合理的定位，找准适合自己的就业目标，通过在不同行业的锻炼来培养自己多方面的才能和适应能力,也是大学生成长的一条很好的途径。

我国西部地区和广大地县一级基层需要大量的建设人才。那里的条件暂时可能艰苦一点,但艰苦的条件更能锻炼人和造就人,毕业生应勇于到条件艰苦的地区去。

毕业生走向工作岗位以后,不论做何种工作,都应该脚踏实地,奋发工作,从小事做起,一步一个脚印,切忌眼高手低,好高骛远,大事做不来,小事不愿做。

(6) 与市场和社会接轨,加强对社会了解

当前的大学毕业生在就业过程中,对社会、对就业市场缺乏了解。认识社会首先要认识社会需要,社会需要是大学生择业的直接现实。从社会对大学生的需要来看,在一定时期,社会对大学生的期望具有确定的内容。如在目前,社会对大学生的期望是:具有较强改革意识和业务能力,具有敬业精神和创新能力、社交能力,知识面宽,一专多能,德智体全面发展等。大学生应顺应时代趋势,努力塑造自身形象。对于市场、社会的把握就需要学生在实践中去把握。

社会上少数不法之徒利用毕业生求职心切和经验较少的情况,制造种种求职陷阱,使毕业生蒙受经济或其他损失。毕业生在求职过程中对于这些陷阱要保持警惕。

2.5 一份考卷

由于毕业生较集中在沿海、经济较发达地区、大设计院、大施工企业、大监理公司等单位寻求工作岗位,使这些单位有较大地选择余地。因此,许多单位采用向学校了解毕业生思想品德和学习成绩、面试、笔试或要求毕业生去单位实习等方式考察和挑选毕业生。

下面是某设计院 2005 年对要求去该院结构专业工作的毕业生的一份考卷,供毕业生参考。

某设计院 2005 年对结构专业求职人员的测试题

（闭卷3小时）

一、单选题（每题2分，共60分）

请选择一个正确的或最佳的答案填入题后的括号内。

1. 钢筋混凝土适筋梁正截面破坏第三阶段末的表现是（　）。
   A. 拉区钢筋先屈服，随后压区混凝土压碎
   B. 拉区钢筋未屈服，压区混凝土压碎
   C. 拉区钢筋和压区混凝土的应力均不定

2. 在T形梁正截面强度计算中，认为在受压区翼缘计算宽度 b_f' 内（　）。
   A. 压应力均匀分布
   B. 压应力按抛物线形作均匀分布
   C. 随着梁高不等，压应力有时均匀分布，有时则非均匀分布

3. 钢筋混凝土偏心受压构件，其大小偏心受压的根本区别是（　）。
   A. 截面破坏时，受拉钢筋是否屈服
   B. 截面破坏时，受压钢筋是否屈服
   C. 偏心距的大小
   D. 受压一侧混凝土是否达到极限压应变值

4. 钢筋混凝土塑性铰与普通铰的区别是（　）。
   A. 塑性铰可以任意转动，普通铰则只能单向转动
   B. 塑性铰只能单向转动，且能承受定值的弯矩
   C. 塑性铰的转动幅度受限制，但其塑性区域可无限加大

5. 先张法和后张法预应力混凝土构件，其传递预应力方法

的区别是（　　）。

A. 先张法靠钢筋与混凝土间的粘结力来传递预应力，而后张法则靠工作锚具来保持预应力

B. 后张法是靠钢筋与混凝土间的粘结力来传递预应力，而先张法则靠工作锚具来保持预应力

C. 先张法依靠传力架保持预应力，而后张法则靠千斤顶来保持预应力

6. 钢筋锚固长度（　　）。

A. 随混凝土强度提高而增加

B. 随钢筋等级提高而降低

C. 随混凝土强度提高而减少，随钢筋等级提高而增大

D. 随混凝土及钢筋等级提高而减少

7. 在钢筋混凝土连续梁活荷载的不利布置中，若求某支座的最大弯矩，则其活荷载的正确布置方法是（　　）。

A. 在该支座的右跨布置活荷载，然后隔跨布置

B. 在该支座相邻两跨布置活荷载，然后隔跨布置

C. 在该支座的左跨布置活荷载，然后隔跨布置

8. 混凝土各种强度指标的基本代表值是（　　）。

A. 立方体抗压强度标准值　　B. 轴心抗压强度标准值

C. 轴心抗压强度设计值　　　D. 抗拉强度标准值

9. 受弯构件减少受力裂缝宽度最有效的措施之一是（　　）。

A. 增大截面尺寸

B. 提高混凝土强度等级

C. 增加受拉钢筋面积，减小裂缝截面的钢筋应力

D. 增加钢筋的直径

10. 提高受弯构件抗弯刚度（减少挠度）最有效的措施是（　　）。

A. 加大截面的有效高度　　　B. 提高混凝土强度等级

C. 增加受拉钢筋的截面面积　　D. 增加截面宽度

11. 砖砌体的强度与砖和砂浆强度的关系,何种为正确（　　）。

(1) 砖的抗压强度恒大于砖砌体的抗压强度
(2) 砂浆的抗压强度恒小于砖砌体的抗压强度
(3) 烧结普通砖的轴心抗拉强度仅取决于砂浆的强度等级
(4) 烧结普通砖的抗剪强度仅取决于砂浆的强度等级

A. (1)(2)　　　　　　　　B. (1)(3)
C. (1)(4)　　　　　　　　D. (3)(4)

12. 砌体结构中,墙体的高厚比验算与下列何项无关（　　）。

A. 稳定性　　　　　　　　B. 承载力大小
C. 开洞及洞口大小　　　　D. 是否承重墙

13. 以下关于砌体结构房屋中设置圈梁的作用的叙述,何种为正确（　　）。

(1) 加强房屋的整体性和空间刚度
(2) 减轻地基不均匀沉降对房屋的影响
(3) 提高墙体的抗剪强度
(4) 防止当墙砌体很长时由于温度和收缩变形可能在墙体产生的裂缝

A. (1)～(3)　　　　　　　B. (2)～(4)
C. (1)(3)(4)　　　　　　D. (1)(2)(4)

14. 判定砌体结构房屋的空间工作性能为刚性方案、刚弹性方案或弹性方案时,与下列哪些因素有关（　　）。

(1) 砌体的材料　　　　　(2) 砌体的强度
(3) 横墙的间距　　　　　(4) 屋盖、楼盖的类别

A. (1)(2)　　　　　　　　B. (2)(3)
C. (1)(2)(3)　　　　　　D. (3)(4)

15. 梁端支承处砌体局部受压承载力应考虑的因素有

(　　)。

　　A. 上部荷载的影响

　　B. 局部承压面积

　　C. 梁端压力设计值产生的支承压力和压应力图形的完整系数

　　D. A、B及C

16. 下列哪项含量提高,则钢材的强度提高、塑性、韧性、冷弯性和可焊性均变差(　　)。

　　A. 碳　　　B. 氧　　　C. 磷　　　D. 氮

17. 对长细比很大的轴心压杆,提高其稳定性的有效措施之一是(　　)。

　　A. 提高钢材的强度　　　B. 增加支座约束

　　C. 减小回转半径　　　　D. 减小荷载

18. 焊接残余应力对下列哪项无影响(　　)。

　　A. 变形　　　　　　　　B. 静力强度

　　C. 疲劳强度　　　　　　D. 整体稳定性

19. H型钢简支梁当处于下列哪种情况时整体稳定性最差(　　)。

　　A. 两端纯弯矩作用

　　B. 满跨均布荷载作用

　　C. 跨中集中荷载作用

　　D. 满跨均布荷载与跨中集中荷载共同作用

20. 钢材的疲劳破坏属于下列哪项破坏(　　)。

　　A. 塑性　　　　　　　　B. 弹性

　　C. 脆性　　　　　　　　D. 低周高应变

21. 框架结构与剪力墙结构相比,下列所述哪种是正确的(　　)。

　　A. 框架结构的延性好些,但抗侧力刚度小

　　B. 框架结构的延性差些,但抗侧力性能好

C. 框架结构的延性和抗侧力性能都比剪力墙结构差

D. 框架结构的延性和抗侧力性能都比剪力墙结构好

22. 小震不坏、中震可修、大震不倒是建筑抗震设计三水准的设防要求。所谓小震，下列何种叙述为正确（　　）。

A. 6 度或 7 度地震

B. 6 度以下的地震

C. 50 年设计基准期内，超越概率大于 10% 的地震

D. 50 年设计基准期内，超越概率为 63.2% 的地震

23. 已经计算完毕的框架结构，后来又加上一些剪力墙，是否更安全可靠（　　）。

A. 更安全

B. 不安全

C. 下部楼层的框架可能不安全

D. 顶部楼层的框架可能不安全

24. 对于有抗震设防的高层框架结构及框架-剪力墙结构，其抗侧力结构布置要求，下列哪种是正确的（　　）。

A. 应设计为双向抗侧力体系，主体结构不应采用铰接

B. 应设计为双向抗侧力体系，主体结构可部分采用铰接

C. 纵横向均宜设计成刚接抗侧力体系

D. 横向应设计成刚接抗侧力体系，纵向可以采用铰接。

25. 多遇地震作用下，层间弹性变形验算的主要目的是（　　）。

A. 防止结构倒塌

B. 防止结构发生破坏

C. 防止非结构部分发生过重的破坏

D. 防止使人惊慌

26. 下列何项不属于原位测试（　　）。

A. 载荷试验　　　　　　　B. 旁压试验

C. 击实试验　　　　　　　D. 动力触探

27. 土的液限 ω_L、塑限 ω_P 和塑性指数 I_P 与下列何项因素无关（　　）。

　　A. 沉积环境　　　　　　B. 矿物成分

　　C. 粒度组成　　　　　　D. 天然含水量

28. 指出下列何项结论正确（　　）。

　　A. 土的重度愈大，其密实程度愈高

　　B. 液性指数愈小，土愈坚硬

　　C. 土的含水量愈大，其饱和度愈高

　　D. 地下水位以下土的含水量为100%

29. 黏性土从塑性状态变到流动状态的界限含水量叫做（　　）。

　　A. 塑限　　B. 液限　　C. 缩限　　D. 塑性指数

30. 当新建筑物基础深于既有旧建筑物基础时，新旧建筑物相邻基础之间应保持的距离，一般可为两相邻基础底面标高差的（　　）。

　　A. 0.5~1倍　　　　　　B. 1~2倍

　　C. 2~3倍　　　　　　　D. 3~4倍

二、问答题（每题10分，共20分）

1. 简要回答钢筋混凝土简支梁在适筋、超筋、少筋三种配筋率下正截面的破坏形式。

2. 简要回答钢筋混凝土简支梁沿斜截面破坏的三种形态，用公式或文字回答影响斜截面抗剪能力的主要因素。

三、计算题（每题10分，共20分）

1. 用弯矩分配法计算图 2.1 所示连续梁的内力，并画出弯矩剪力图。

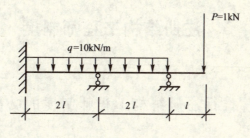

图 2.1

2. 已知矩形截面梁 $b = 250\text{mm}$，$h = 500\text{mm}$，内力设计值为 $M = 90\text{kN} \cdot \text{m}$，$V = 140\text{kN}$，采用混凝土强度等级为 C20，$f_c = 9.6\text{N/mm}^2$，$f_t = 0.91\text{N/mm}^2$，梁主筋采用 HRB400，$f_y = 360\text{N/mm}^2$，$a_s = 35\text{mm}$，$\xi_b = 0.518$，箍筋采用 HPB235，$f_y = 210\text{N/mm}^2$。

求梁的纵向受拉钢筋和箍筋截面面积，并画出截面配筋简图。

3 注册结构工程师制度

3.1 推行注册结构工程师制度的必要性

1996年,在建设部和人事部的组织下,我国完成了注册建筑师全国考试及考核工作。1997年1月1日,全国开始实施注册建筑师执业制度,初步实行了勘察设计单位资格与个人资格相结合的资质管理制度。

在建筑工程设计体制中,实行注册结构工程师与注册建筑师的配套设置,是深化勘察设计行业体制改革,加强勘察设计市场管理,强化工程设计人员的法律责任,提高建筑工程设计质量的一项重要措施。在建筑工程领域推行注册结构工程师制度,也是逐步实现与国际发达国家管理体制接轨的需要。

1996年12月,我国首先在江苏省、湖北省和重庆市进行了注册结构工程师的考试试点。1997年3月,建设部和人事部在上海召开了注册结构工程师考试试点总结会。1997年9月1日,建设部、人事部正式批准颁发了《注册结构工程师执业资格制度暂行规定》,为全面实施注册结构工程师工作提供了依据,正式确立了在我国实施注册结构工程师执业制度。这标志着我国勘察设计行业在体制改革并逐步与国际接轨方面迈出了新的步伐。1997年12月,注册结构工程师考试在全国铺开。往后,全国每年都进行注册结构工程师考试。

3.2 注册结构工程师的业务范围及分级

注册结构工程师,是指取得我国注册结构工程师执业资格证书和注册证书,从事房屋结构、桥梁结构及塔架结构等工程设计及相关业务的专业技术人员。

注册结构工程师的执业范围是:
(1) 结构工程设计;
(2) 结构工程设计技术咨询;
(3) 建筑物、构筑物、工程设施等调查和鉴定;
(4) 对本人主持设计的项目进行施工指导和监督;
(5) 建设部和国务院有关部门规定的其他业务。

我国结构设计人员较少,水平参差不齐,分布又很不均匀,受过高等教育的结构专业人才绝大多数集中在大城市及发达地区的中等城市。由于建设规模大,遍及全国城镇,许多中小工程是靠一大批没有受过高等教育的结构设计人员完成的。这个国情是不容忽视的。因此,我国的注册结构工程师和注册建筑师一样,实行两级注册制。一级注册结构工程师按国际接轨设置,其教育、职业实践和考试标准不低于当前发达国家标准。二级注册结构工程师按满足国内勘察设计市场需要设置,其教育、职业实践和考试标准按国内实际需要确定,主要为中小型设计单位服务。

一、二级注册结构工程师的执业范围应有所区别。《中华人民共和国注册建筑师条例实施细则》明确规定:一级注册建筑师的建筑设计范围不受建筑规模和工程复杂程度的限制。二级注册建筑师的建筑设计范围只限于承担国家规定的民用建筑工程等级分级标准三级(含三级)以下项目。五级(含五级)以下项目允许非注册建筑师进行设计。我国《注册结构工程师执业及管理工作有关问题的暂行规定》中规定,凡属民用建筑二级及以上、工业建筑中型及以上项目,必须由注册结构工程师做结构专业负责人或以结构为主的工业项目的工程项目负责人。具有甲、乙级资质的设计单位,结构审定人和结构专业总工程师(技术负责人)必须由注册结构工程师担任。

民用建筑工程设计等级分类表如表3.1所示。

民用建筑工程设计等级分类表　　表3.1

类型	工程等级 特征	特级	一级	二级	三级
一般公共建筑	单体建筑面积	8万m² 以上	2万m² 以上至8万m²	5000m² 以上至2万m²	5000m² 及以下
	立项投资	2亿元以上	4000万元以上至2亿元	1000万元以上至4000万元	1000万元及以下
	建筑高度	100m以上	50m以上至100m	24m以上至50m	24m及以下(其中砌体建筑不得超过抗震规范高度限值要求)
住宅、宿舍	层数		20层以上	12层以上至20层	12层及以下(其中砌体建筑不得超过抗震规范层数限值要求)
住宅小区、工厂生活区	建筑面积		10万m² 以上	10万m² 及以下	
地下工程	地下空间(总建筑面积)	5万m² 以上	1万m² 以上至5万m²	1万m² 及以下	
	附建式人防(防护等级)		四级及以上	五级及以下	

续表

类型	工程等级 特征	特级	一级	二级	三级
特殊公共建筑	超限高层建筑抗震要求	抗震设防区特殊超限高层建筑	抗震设防区建筑高度100m及以下的一般超限高层建筑		
	技术复杂、有声、光、热、振动、视线等特殊要求	技术特别复杂	技术比较复杂		
	重要性	国家级经济、文化、历史、涉外等重点工程项目	省级经济、文化、历史、涉外等重点工程项目		

注：符合某工程等级特征之一的项目即可确认为该工程等级项目。

3.3 考试与注册规定

我国的注册结构工程师考试实行全国统一大纲、统一命题、统一组织的办法，原则上每年举行一次。

建设部负责组织有关专家拟定考试大纲、组织命题、编写培训教材、组织考前培训等工作；人事部负责组织有关专家审定考试大纲和试题，会同有关部门组织考试并负责考务等工作。

一级注册结构工程师资格考试由基础考试和专业考试两部分组成。通过基础考试的人员，从事结构工程设计或相关业务满规定年限，方可申请参加专业考试。

美国和英国规定，注册结构工程师一般采用4+4的标准，即四年大学本科学历加上四年的工作实践，经考试合格后即可取得注册工程师资格。我国规定评估通过的学校基本也是4+4；未评估过的院校，在基础考试通过后，需经过5年职业实践方可参加专业考试。这就保证了注册结构工程师的高标准、高起点，保证与国际上最高水平看齐。

注册结构工程师资格考试合格者，由省、自治区、直辖市人事（职称）部门颁发人事部统一印制、加盖建设部和人事部印章的中华人民共和国注册结构工程师执业资格证书。取得注册结构工程师执业资格证书者，要从事结构工程设计业务的，须申请注册。

有下列情形之一的，不予注册：

1）不具备完全民事行为能力的。

2）因受刑事处罚，自处罚完毕之日起至申请注册之日止不满5年的。

3）因在结构工程设计或相关业务中犯有错误受到行政处罚或者撤职以上行政处分，自处罚、处分决定之日起至申请注册之日止不满2年的。

4）受吊销注册结构工程师注册证书处罚，自处罚决定之日起至申请注册之日止不满5年的。

5）建设部和国务院有关部门规定不予注册的其他情形的。

全国注册结构工程师管理委员会和省、自治区、直辖市注册结构工程师管理委员会决定不予注册的，应当自决定之日起15日内书面通知申请人。若有异议的，可自收到通知之日起15日内向建设部或各省、自治区、直辖市人民政府建设行政主管部门申请复议。

注册结构工程师的有效期为2年，有效期届满需要继续注册的，应当在期满前30日内办理注册手续。

注册结构工程师注册后，有下列情形之一的，由全国或省、自治区、直辖市注册结构工程师管理委员会撤销注册，收回注册证书：

1）完全丧失民事行为能力的。

2）受刑事处罚的。

3）因在工程设计或者相关业务中造成工程事故，受到行政处罚或者撤职以上行政处分的。

4）自行停止注册结构工程师业务满2年的。

被撤消注册的当事人对撤消注册有异议的，可以自接到撤消注册通知之日起15日内向建设部或省、自治区、直辖市人民政府建设行政主管部门申请复议。

3.4 注册结构工程师的权利与义务

注册结构工程师有权以注册结构工程师的名义执行注册结构工程师业务。非注册结构工程师不得以注册结构工程师的名义执行注册结构工程师的业务。

国家规定的一定跨度、高度等以上的结构工程设计，应当由注册结构工程师主持设计。

任何单位和个人修改注册结构工程师的设计图纸，应当征得该注册结构工程师同意；但是因特殊情况不能征得该注册结构工程师同意的除外。

注册结构工程师应当履行下列义务：

1）遵守法律、法规和职业道德，维护社会公众利益；
2）保证工程设计质量，并在其负责的设计图纸上签字盖章；
3）保守在执业中知悉的单位和个人的秘密；
4）不得同时受聘于两个以上勘察设计单位执行业务；
5）不得准许他人以本人名义执行业务。

注册结构工程师需按规定接受必要的继续教育，定期进行业务和法规培训，并作为重新注册的依据。

4 注册结构工程师考试

4.1 报考条件

注册结构工程师管理委员会每次考试前都公布注册结构工程师的报考条件，各年的报考条件基本相同，现介绍2004年的报考条件。

4.1.1 2004年度全国一级注册结构工程师基础考试报考条件

（1）按全国注册结构工程师管理委员会2004年规定，具备表4.1所列条件的人员可申报一级注册结构工程师资格考试基础科目的考试。

可申报一级注册结构工程师基础科目考试的条件　　表4.1

类别	专业名称	学历或学位	职业实践最少时间	最迟毕业年限
本专业	结构工程	工学硕士或研究生毕业及以上学位		2003年
	建筑工程（不含岩土工程）	评估通过并在合格有效期内的工学学士学位		2003年
		未通过评估的工学学士学位		2003年
		专科毕业	1年	2002年
相近专业	建筑工程的岩土工程 交通土建工程 矿井建设 水利水电建筑工程 港口航道及治河工程 海岸与海洋工程 农业建筑与环境工程 建筑学 工程力学	工学硕士或研究生毕业及以上学位		2003年
		工学学士或本科毕业		2003年
		专科毕业	1年	2002年
	其他工科专业	工学学士或本科毕业及以上学位	1年	2002年

(2) 1971年（含1971年）以后毕业，不具备规定学历的人员，从事建筑工程设计工作累计15年以上，且具备下列条件之一，也可申报一级注册结构工程师资格考试基础科目的考试：

1) 作为专业负责人或主要设计人，完成建筑工程分类标准三级以上项目4项(全过程设计)，其中二级以上项目不少于1项。

2) 作为专业负责人或主要设计人，完成中型工业建筑工程以上项目4项（全过程设计），其中大型项目不少于1项。

4.1.2　2004年度全国一级注册结构工程师专业考试报考条件

（1）具备表4.2所列条件的人员，可申报一级注册结构工程师资格考试专业科目的考试。

可申报一级注册结构工程师专业科目考试的条件　　　表4.2

类别	专业名称	学历或学位	Ⅰ类人员 职业实践最少时间	Ⅰ类人员 最迟毕业年限	Ⅱ类人员 职业实践最少时间	Ⅱ类人员 最迟毕业年限
本专业	结构工程	工学硕士或研究生毕业及以上学位	4年	2000年	6年	1991年
本专业	建筑工程（不含岩土工程）	评估通过并在合格有效期内的工学学士学位	4年			
本专业	建筑工程（不含岩土工程）	未通过评估的工学学士学位	5年	1999年	8年	1989年
本专业	建筑工程（不含岩土工程）	专科毕业	6年	1998年	9年	1988年
相近专业	建筑工程的岩土工程 交通土建工程 矿井建设 水利水电建筑工程 港口航道及治河工程 农业建筑与环境工程 建筑学 工程力学	工学硕士或研究生毕业及以上学位	5年	1999年	8年	1989年
相近专业		工学学士或本科毕业	6年	1998年	9年	1988年
相近专业		专科毕业	7年	1997年	10年	1987年
	其他工科专业	工学学士或本科毕业及以上学位	8年	1996年	12年	1985年

注：表中"Ⅰ类人员"指基础考试已经通过，继续申报专业考试的人员；"Ⅱ类人员"指按建设部、人事部司发文《关于一级注册结构工程师资格考核认定和1997年资格报考工作有关问题的说明》[(97)建设注字第46号]文件规定，符合免基础考试条件，只参加专业考试的人员。该类人员可一直参加专业考试，直至通过为止。

(2) 1970年（含1970年）以前建筑工程专业大学本科、专科毕业的人员。

(3) 1970年（含1970年）以前建筑工程或相近专业中专及以上学历毕业，从事结构设计工作累计10年以上的人员。

(4) 1970年（含1970年）以前参加工作，不具备规定学历要求，从事结构设计工作累计15年以上的人员。

4.1.3 2004年度全国二级注册结构工程师考试报考条件

报考二级注册结构工程师资格考试的人员，必须具备表4.3所示条件。

可申报二级注册结构工程师资格考试的条件　　　表4.3

类别	专业名称	学历	职业实践最少时间	最迟毕业年限
本专业	工业与民用建筑	本科及以上学历	2年	
		普通大专毕业	3年	2001
		成人大专毕业	4年	2000
		普通中专毕业	6年	1998
		成人中专毕业	7年	1997
相近专业	建筑设计技术 村镇建设 公路与桥梁 城市地下铁道 铁道工程 铁道桥梁与隧道 小型土木工程 水利水电工程建筑 水利工程 港口与航道工程	本科及以上学历	4年	
		普通大专毕业	6年	1998
		成人大专毕业	7年	1997
		普通中专毕业	9年	1995
		成人中专毕业	10年	1994
	不具备规定学历	从事结构设计工作满13年以上，且作为项目负责人或专业负责人，完成过三级（或中型工业建筑项目）不少于二项	13年	

1995年，我国开始对高等学校的土木工程专业实行评估，到目前为止，已经通过高等学校土木工程专业教育评估委员会评估的学校名单如表4.4所示。

土木工程专业教育评估委员会评估通过的学校名单
（至2004年底的统计结果）（排名不分先后） 表4.4

	学校名称	首次通过评估时间
1	清华大学	1995.6
2	同济大学	1995.6
3	东南大学	1995.6
4	天津大学	1995.6
5	浙江大学	1995.6
6	华南理工大学	1995.6
7	重庆大学	1995.6
8	哈尔滨工业大学	1995.6
9	湖南大学	1995.6
10	西安建筑科技大学	1995.6
11	沈阳建筑工程学院	1997.6
12	郑州大学	1997.6
13	合肥工业大学	1997.6
14	武汉理工大学	1997.6
15	华中科技大学	1997.6
16	西南交通大学	1997.6
17	中南大学	1997.6
18	华侨大学	1997.6
19	北京交通大学	1999.6
20	大连理工大学	1999.6
21	上海交通大学	1999.6
22	河海大学	1999.6
23	武汉大学	1999.6
24	兰州理工大学	1999.6
25	三峡大学	1999.6
26	南京工业大学	2001.6
27	石家庄铁道学院	2001.6
28	北京工业大学	2002.6
29	兰州交通大学	2002.6
30	山东建工学院	2003.6
31	福州大学	2003.6
32	河北工学院	2003.6

4.2 考试科目及考试大纲

4.2.1 考试科目

全国注册结构工程师管理委员会2004年规定的考试科目如下：

(1) 一级注册结构工程师执业资格考试科目

1) 基础考试

①高等数学 ②普通物理 ③普通化学 ④理论力学 ⑤材料力学 ⑥流体力学 ⑦土木工程材料 ⑧电工电子技术 ⑨工程经济 ⑩计算机应用基础 ⑪结构力学 ⑫土力学与地基基础 ⑬工程测量 ⑭结构设计 ⑮土木工程施工与管理 ⑯结构试验

2) 专业考试

①钢筋混凝土结构 ②钢结构 ③砌体结构 ④桥梁结构 ⑤地基与基础 ⑥高层建筑、高耸结构与横向作用 ⑦设计概念题 ⑧建筑经济与设计业务管理

(2) 二级注册结构工程师执业资格考试科目

1) 钢筋混凝土结构；

2) 钢结构；

3) 砌体结构与木结构；

4) 地基与基础；

5) 高层建筑、高耸结构与横向作用；

6) 桥梁结构。

4.2.2 考试大纲

(1) 一级注册结构工程师（房屋结构）基础考试大纲

一、高等数学

1.1 空间解析几何

向量代数 直线 平面 柱面 旋转曲面 二次曲面 空间曲线

1.2 微分学

极限 连续 导数 微分 偏导数 全微分 导数与微分的应用

1.3 积分学

不定积分 定积分 广义积分 二重积分 三重积分 平面曲线积分 积分应用

1.4 无穷级数

数项级数 幂级数 泰勒级数 傅里叶级数

1.5 常微分方程

可分离变量方程 一阶级性方程 可降阶方程 常系数线性方程

1.6 概率与数理统计

随机事件与概率 古典概型 一维随机变量的分布和数字特征 数理统计的基本概念参数估计 假设检验 方差分析 一元回归分析

1.7 向量分析

1.8 线性代数

行列式 矩阵 n 维向量 线性方程组 矩阵的特征值与特征向量 二次型

二、普通物理

2.1 热学

气体状态参量 平衡态 理想气体状态方程 理想气体的压力和温度的统计解释 能量按自由度均分原理 理想气体内能 平均碰撞次数和平均自由程 麦克斯韦速率分布律功 热量 内能 热力学第一定律及其对理想气体等值过程和绝热过程的应用 气体的摩尔热容 循环过程 热机效率 热力学第二定律及其统计意义 可逆过程和不可逆过程 熵

2.2 波动学

机械波的产生和传播 简谐波表达式 波的能量 驻波

声速　声波　超声波　次声波　多普勒效应

2.3　光学

相干光的获得　杨氏双缝干涉　光程　薄膜干涉　迈克尔逊干涉仪　惠更斯—菲涅耳原理　单缝衍射　光学仪器分辨本领　X射线衍射　自然光和偏振光　布儒斯特定律　马吕斯定律　双折射现象　偏振光的干涉　人工双折射及应用

三、普通化学

3.1　物质结构与物质状态

原子核外电子分布　原子、离子的电子结构式　原子轨道和电子云概念　离子键特征共价键特征及类型

分子结构式　杂化轨道及分子空间构型　极性分子与非极性分子　分子间力与氢键分压定律及计算

液体蒸气压　沸点　汽化热

晶体类型与物质性质的关系

3.2　溶液

溶液的浓度及计算

非电解质稀溶液通性及计算　渗透压概念

电解质溶液的电离平衡　电离常数及计算　同离子效应和缓冲溶液　水的离子积及PH　盐类水解平衡及溶液的酸碱性

多相离子平衡及溶液的酸碱性

多相离子平衡　溶度积常数　溶解度概念及计算

3.3　周期律

周期表结构：周期、族　原子结构与周期表关系

元素性质及氧化物及其水化物的酸碱性递变规律

3.4　化学反应方程式　化学反应速率与化学平衡

化学反应方程式写法及计算　反应热概念　热化学反应力方程式写法

化学反应速率表示方法　浓度、温度对反应速率的影响　速率常数与反应级数　活化能及催化剂概念

化学平衡特征及平衡常数表达式　化学平衡移动原理及计算　压力商与化学反应方向判断

3.5　氧化还原与电化学

氧化剂与还原剂　氧化还原反应方程式写法及配平

原电池组成及符号　电极反应与电池反应　标准电极电势　能斯特方程及电极电势的应用　电解与金属腐蚀

3.6　有机化学

有机物特点、分类及命名　官能团及分子结构式

有机物的重要化学反应：加成　取代　消去　缩合　氧化　加聚与缩聚

典型有机物的分子式、性质及用途：甲烷　乙烷　苯　甲苯　乙醇　酚　乙醛　丙酮　乙酸

乙酯　乙胺　苯胺　聚氯乙烯　聚乙烯　聚丙烯酸酯类工程塑料（ABS）　橡胶　尼龙66

四、理论力学

4.1　静力学

平衡　刚体　力　约束　静力学公理　受力分析　力对点之矩　力对轴之矩　力偶理论

力系的简化　主矢　主矩　力系的平衡　物体系统（含平面静定桁架）的平衡　滑动摩擦　摩擦角　自锁　考虑滑动摩擦时物体系统的平衡重心

4.2　运动学

点的运动方程　轨迹　速度和加速度　刚体的平动　刚体的定轴转动　转动方程　角速度和角加速度　刚体内任一点的速度和加速度

4.3　动力学

动力学基本定律　质点运动微分方程　动量　冲量　动量定理

动量守恒的条件　质心　质心运动定理　质心运动守恒的

条件

动量矩　动量矩定量　动量矩守恒的条件　刚体的定轴转动微分方程　转动惯量

回转半径　转动惯量的平行轴定理　功　动能　势能　动能定理　机械能守恒　惯性力　刚体惯性力系的简化　达朗伯原理　单自由度系统线性振动的微分方程　振动周期　频率和振幅　约束　自由度　广义坐标　虚位移　理想约束　虚位移原理

五、材料力学

5.1　轴力和轴力图　拉、压杆横截面和斜截面上的应力　强度条件　虎克定律和位移计算应变能计算

5.2　剪切和挤压的实用计算　剪切虎克定律　剪应力互等定理

5.3　外力偶矩的计算　扭矩和扭矩图　圆轴扭转剪应力及强度条件　扭转角计算及刚度条件扭转应变能计算

5.4　静矩和形心　惯性矩和惯性积　平行移轴公式　形心主惯矩

5.5　梁的内力方程　剪力图和弯矩图　q、V、M 之间的微分关系　弯曲正应力和正应力强度条件　弯曲剪应力和剪应力强度条件　梁的合理截面　弯曲中心概念　求梁变形的积分法　叠加法和卡氏第二定理

5.6　平面应力状态分析的数解法和图解法　一点应力状态的主应力和最大剪应力　广义虎克定律　四个常用的强度理论

5.7　斜弯曲　偏心压缩（或拉伸）拉-弯或压-弯组合　扭-弯组合

5.8　细长压杆的临界力公式　欧拉公式的适用范围　临界应力总图和经验公式　压杆的稳定校核

六、流体力学

6.1　流体的主要物理性质

6.2 流体静力学

流体静压强的概念

重力作用下静水压强的分布规律 总压力的计算

6.3 流体动力学基础

以流畅为对象描述流动的概念

流体运动的总流分析 恒定总流连续性方程、能量方程和动量方程

6.4 流动阻力和水头损失

实际流体的两种流态——层流和紊流

圆管中层流运动、紊流运动的特征

沿程水头损失和局部水头损失

边界层附面层基本概念和绕流阻力

6.5 孔口、管嘴出流 有压管道恒定流

6.6 明渠恒定均匀流

6.7 渗流定律 井和集水廊道

6.8 相似原理和量纲分析

6.9 流体运动参数（流速、流量、压强）的测量

七、计算机应用基础

7.1 计算机基础知识

硬件的组成及功能 软件的组成及功能 数制转换

7.2 Windows 操作系统

基本知识、系统启动 有关目录、文件、磁盘及其操作 网络功能

注：以 Windows98 为基础

7.3 计算机程序设计语言

程序结构与基本规定 数据 变量 数组 指针 赋值语句 输入输出的语句 转移语句 条件语句 选择语句 循环语句 函数 子程序（或称过程） 顺序文件 随机文件

注：鉴于目前情况，暂采用 FORTRAN 语言

八、电工电子技术

8.1 电场与磁场：库仑定律 高斯定理 环路定律 电磁感应定律

8.2 直流电路：电路基本元件 欧姆定律 基尔霍夫定律 叠加原理 戴维南定理

8.3 正弦交流电路：正弦量三要素 有效值 复阻抗 单相和三相电路计算 功率及功率因数 串联与并联谐振 安全用电常识

8.4 RC 和 RL 电路暂态过程：三要素分析法

8.5 变压器与电动机：变压器的电压、电流和阻抗变换 三相异步电动机的使用 常用继——接触器控制电路

8.6 二极管及整流、滤波、稳压电路

8.7 三极管及单管放大电路

8.8 运算放大器：理想运放组成的比例 加、减和积分运算电路

8.9 门电路和触发器：基本门电路 RS、D、JK 触发器

九、工程经济

9.1 现金流量构成与资金等值计算

现金流量 投资 资产 固定资产折旧 成本 经营成本 销售收入 利润 工程项目投资涉及的主要税种 资金等值计算的常用公式及应用 复利系数表的用法

9.2 投资经济效果评价方法和参数

净现值 内部收益率 净年值 费用现值 费用年值 差额内部收益率 投资回收期 基准折现率 备选方案的类型 寿命相等方案与寿命不等方案的比选

9.3 不确定性分析

盈亏平衡分析 盈亏平衡点 固定成本 变动成本 单因素敏感性分析 敏感因素

9.4 投资项目的财务评价

工业投资项目可行性研究的基本内容

投资项目财务评价的目标与工作内容　赢利能力分析　资金筹措的主要方式　资金成本　债务偿还的主要方式　基础财务报表　全投资经济效果与自有资金经济效果　全投资现金流量表与自有资金现金流量表　财务效果计算　偿债能力分析　改扩建和技术改造投资项目财务评价的特点（相对新建项目）

9.5　价值工程

价值工程的概念、内容与实施步骤　功能分析

十、土木工程材料

10.1　材料科学与物质结构基础知识

材料的组成：化学组成　矿物组成及其对材料性质的影响

材料的微观结构及其对材料性质的影响：原子结构　离子键　金属键　共价键和范德华力　晶体与无定形体（玻璃体）

材料的宏观结构及其对材料性质的影响

建筑材料的基本性质：密度　表观密度与堆积密度　孔隙与孔隙率

特征：亲水性与憎水性　吸水性与吸湿性　耐水性　抗渗性　抗冻性　导热性　强度与变形性能　脆性与韧性

10.2　材料的性能和应用

无机胶凝材料：气硬性胶凝材料　石膏和石灰技术性质与应用

水硬性胶凝材料：水泥的组成　水化与凝结硬化机理　性能与应用

混凝土：原材料技术要求　拌合物的和易性及影响因素　强度性能与变形性能　耐久性——抗渗性、抗冻性、碱-骨料反应　混凝土外加剂与配合比设计

沥青及改性沥青：组成、性质和应用

建筑钢材：组成、组织与性能的关系　加工处理及其对钢材性能的影响　建筑钢材和种类与选用

木材：组成、性能与应用

石材和黏土：组成、性能与应用

十一、工程测量

11.1 测量基本概念

地球的形状和大小　地面点位的确定　测量工作基本概念

11.2 水准测量

水准测量原理　水准仪的构造、使用和检验校正　水准测量方法及成果整理

11.3 角度测量

经纬仪的构造、使用和检验校正　水平角观测　垂直角观测

11.4 距离测量

卷尺量距　视距测量　光电测距

11.5 测量误差基本知识

测量误差分类与特性　评定精度的标准　观测值的精度评定　误差传播定律

11.6 控制测量

平面控制网的定位与定向　导线测量　交会定点　高程控制测量

11.7 地形图测绘

地形图基本知识　地物平面图测绘　等高线地形图测绘

11.8 地形图应用

地形图应用的基本知识　建筑设计中的地形图应用　城市规划中的地形图应用

11.9 建筑工程测量

建筑工程控制测量　施工放样测量　建筑安装测量　建筑工程变形观测

十二、职业法规

12.1 我国有关基本建设、建筑、房地产、城市规划、环

保等方面的法律法规

12.2 工程设计人员的职业道德与行为准则

十三、土木工程施工与管理

13.1 土石方工程 桩基础工程

土方工程的准备与辅助工作 机械化施工 爆破工程 预制桩、灌注桩施工 地基加固处理技术

13.2 钢筋混凝土工程与预应力混凝土工程

钢筋工程 模板工程 混凝土工程 钢筋混凝土预制构件制作 混凝土冬、雨期施工 预应力混凝土施工

13.3 结构吊装工程与砌体工程

起重安装机械与液压提升工艺 单层与多层房屋结构吊装 砌体工程与砌块墙的施工

13.4 施工组织设计

施工组织设计分类 施工方案 进度计划 平面图 措施

13.5 流水施工原则

节奏专业流水 非节奏专业流水 一般的搭接施工

13.6 网络计划技术

双代号网络图 单代号网络图 网络计划优化

13.7 施工管理

现场施工管理的内容及组织形式 进度、技术、全面质量管理 竣工验收

十四、结构设计

14.1 钢筋混凝土结构

材料性能：钢筋 混凝土 粘结

基本设计原则：结构功能 极限状态及其设计表达式 可靠度

承载能力极限状态计算：受弯构件 受扭构件 受压构件 受拉构件 冲切 局压 疲劳

正常使用极限状态验算：抗裂 裂缝 挠度

预应力混凝土：轴拉构件　受弯构件　构造要求

梁板结构：塑性内力重分布　单向板肋梁楼盖　双向板肋梁楼盖　无梁楼盖

单层厂房：组成与布置　排架计算　柱　牛腿　吊车梁　屋架基础

多层及高层房屋：结构体系及布置　框架近似计算　叠合梁剪力墙结构　框-剪结构　框-剪结构设计要点　基础

抗震设计要点：一般规定　构造要求

14.2　钢结构

钢材性能：基本性能　影响钢材性能的因素　结构钢种类　钢材的选用

构件：轴心受力构件　受弯构件（梁）　拉弯和压弯构件的计算和构造

连接：焊缝连接　普通螺栓和高强度螺栓连接　构件间的连接

钢屋盖：组成　布置　钢屋架设计

14.3　砌体结构

材料性能：块材　砂浆　砌体

基本设计原则：设计表达式

承载力：受压　局压

混合结构房屋设计：结构布置　静力计算　构造

房屋部件：圈梁　过梁　墙梁　挑梁

抗震设计要求：一般规定　构造要求

十五、结构力学

15.1　平面体系的几何组成

名词定义　几何不变体系的组成规律及其应用

15.2　静定结构受力分析与特性

静定结构受力分析方法　反力、内力的计算与内力图的绘

制 静定结构特性及其应用

15.3 静定结构的位移

广义力与广义位移 虚功原理 单位荷载法 荷载下静定结构的位移计算 图乘法 支座位移和温度变化引起的位移 互等定理及其应用

15.4 超静定结构受力分析及特性

超静定次数 力法基本体系 力法方程及其意义 等截面直杆刚度方程 位移法基本未知量 基本体系 基本方程及其意义 等截面直杆的转动刚度 力矩分配系数与传递系数 单节点的力矩分配 对称性利用 半结构法 超静定结构位移 超静定结构特性

15.5 影响线及应用

影响线概念 简支梁、静定多跨梁、静定桁架反力及内力影响线 连续梁影响线形状 影响线应用 最不利荷载位置 内力包络图概念

15.6 结构动力特性与动力反应

单自由度体系周期、频率、简谐荷载与突加荷载作用下简单结构的动力系数、振幅与最大动内力 阻尼对振动的影响 多自由度体系自振频率与主振型 主振型正交性

十六、结构试验

16.1 结构试验的试件设计、荷载设计、观测设计、材料的力学性能与试验的关系

16.2 结构试验的加载设备和量测仪器

16.3 结构静力（单调）加载试验

16.4 结构低周反复加载试验（伪静力试验）

16.5 结构动力试验

结构动力特性量测方法、结构动力响应量测方法

16.6 模型试验

模型试验的相似原理 模型设计与模型材料

16.7 结构试验的非破损检测技术

十七、土力学与地基基础

17.1 土的物理性质及工程分类

土的生成和组成　土的物理性质　土的工程分类

17.2 土中应力

自重应力　附加应力

17.3 地基变形

土的压缩性　基础沉降　地基变形与时间关系

17.4 土的抗剪强度

抗剪强度的测定方法　土的抗剪强度理论

17.5 土压力、地基承载力和边坡稳定

土压力计算　挡土墙设计、地基承载力理论　边坡稳定

17.6 地基勘察

工程地质勘察方法　勘察报告分析与应用

17.7 浅基础

浅基础类型　地基承载力设计值　浅基础设计　减少不均匀沉降损害的措施　地基、基础与上部结构共同工作概念

17.8 深基础

深基础类型　桩与桩基础的分类　单桩承载力　群桩承载力　桩基础设计

17.9 地基处理

地基处理方法　地基处理原则　地基处理方法选择

(2) 一级注册结构工程师专业考试大纲

一、总则

1.1 了解以概率理论为基础的结构极限状态设计方法的基本概念。

1.2 熟悉建筑结构、桥梁结构和高耸结构的技术经济。

1.3 掌握建筑结构、桥梁结构和高耸结构的荷载分类和组合及常用结构的静力计算方法。

1.4 熟悉钢、木、混凝土及砌体等结构所用材料的基本性能、主要材料的质量要求和基本检查、实验方法；掌握材料的选用和设计指标取值。

1.5 了解建筑结构、桥梁结构及高耸结构的施工技术。

1.6 熟悉防火、防腐蚀和防虫的基本要求。

1.7 了解防水工程的材料质量要求、施工要求及施工质量标准。

二、钢筋混凝土结构

2.1 掌握各种常用结构体系的布置原则和设计方法。

2.2 掌握基本受力构件的正截面、斜截面、扭曲截面、局部受压及受冲切承载力的计算；了解疲劳强度的验算；掌握构件裂缝和挠度的验算。

2.3 掌握基本构件截面形式、尺寸的选定原则及构造规定。

2.4 掌握现浇和装配构件的连接构造及节点配筋形式。

2.5 掌握预应力构件设计的基本方法；了解预应力构件施工的基本知识。

2.6 掌握一般钢筋混凝土结构构件的抗震设计计算要点及构造措施。

2.7 了解对预制构件的制作、检验、运输和安装等方面的要求。

三、钢结构

3.1 掌握钢结构体系的布置原则和主要构造。

3.2 掌握受弯构件的强度及其整体和局部稳定计算；掌握轴心受力构件和拉弯、压弯构件的计算。

3.3 掌握构件的连接计算、构造要求及其连接材料的选用。

3.4 熟悉钢与混凝土组合梁、钢与混凝土组合结构的特点及其设计原理。

3.5 掌握钢结构的疲劳计算及其构造要求。

3.6 熟悉塑性设计的适用范围和计算方法。

3.7 熟悉钢结构的防锈、隔热和防火措施。

3.8 了解对钢结构的制作、焊接、运输和安装方面的要求。

四、砌体结构与木结构

4.1 掌握无筋砌体构件的承载力计算。

4.2 掌握墙梁、挑梁及过梁的设计方法。

4.3 掌握配筋砖砌体的设计方法。

4.4 掌握砌体结构的抗震设计方法。

4.5 掌握底层框架砖房的设计方法。

4.6 掌握砌体结构的构造要求和抗震构造措施。

4.7 熟悉常用木结构的构件、连接计算和构造要求。

4.8 了解木结构设计对施工的质量要求。

五、地基与基础

5.1 了解工程地质勘察的基本方法。

5.2 熟悉地基土（岩）的物理性质和工程分类。

5.3 熟悉地基和基础的设计原则和要求。

5.4 掌握地基承载力的确定方法、地基的变形特征和计算方法。

5.5 掌握软弱地基的加固处理技术和设计方法。

5.6 掌握建筑浅基础及深基础的设计选型、计算方法和构造要求。

5.7 掌握土坡稳定分析及挡土墙的设计方法。

5.8 熟悉地基抗液化的设计方法及技术措施。

5.9 了解各类软土地基加固处理和桩基的一般施工方法和要求。

六、高层建筑结构、高耸结构及横向作用

6.1 了解竖向荷载、风荷载和地震作用对高层建筑结构和

高耸结构的影响；掌握风荷载和地震作用的取值标准和计算方法；掌握荷载效应的组合方法。

6.2 掌握常用高层建筑结构（框架、剪力墙、框架-剪力墙和筒体等）的受力性能及适用范围。

6.3 熟悉概念设计的内容及原则，并能运用于高层建筑结构的体系选择、结构布置和抗风、抗震设计。

6.4 熟悉高层建筑结构的内力与位移的计算原理；掌握常用钢筋混凝土高层建筑结构的近似计算方法、截面设计方法和构造措施；熟悉钢结构高层民用建筑的设计方法。

6.5 熟悉高耸结构的选型要求、荷载计算、设计原理和主要构造。

七、桥梁结构

7.1 熟悉常用桥梁结构总体布置原则，并能根据工程条件，合理比选桥梁结构及其基础形式。

7.2 掌握常用桥梁结构体系的设计方法。

7.3 熟悉桥梁结构抗震设计方法及其抗震构造措施。

7.4 熟悉各种桥梁基础的受力特点。

7.5 掌握桥梁基本受力构件的设计方法。

7.6 掌握常用桥梁的构造特点和设计要求。

7.7 了解桥梁常用的施工方法。

(3) 二级注册结构工程师专业考试大纲

一、总则

1.1 了解结构极限状态设计原理。

1.2 了解建筑结构的经济比选知识。

1.3 掌握建筑结构及一般高耸结构的荷载分类和组合及常用结构的静力计算方法。

1.4 了解钢、木、混凝土及砌体等结构所用材料的基本性能、重要材料的质量要求和基本检查、实验方法；掌握材料的选用和设计指标取值。

1.5 了解建筑结构的基本施工技术。
1.6 了解建筑防火、防腐蚀和防虫的基本知识。
1.7 了解防水工程的材料质量要求、施工要求及施工质量标准。

二、钢筋混凝土结构

2.1 掌握各种常用建筑结构体系的布置原则和设计方法。
2.2 掌握基本受力构件的正截面、斜截面、扭曲截面、局部受压及受冲切承载力的计算；了解构件裂缝、挠度和疲劳强度的验算。
2.3 掌握基本构件截面形式、尺寸的选定原则及构造规定。
2.4 掌握现浇和装配构件的连接构造及节点配筋形式。
2.5 了解预应力构件设计的基本方法及施工的基本知识。
2.6 掌握一般钢筋混凝土结构构件的抗震设计计算要点及构造措施。
2.7 了解对预制构件的制作、检验、运输和安装等方面的要求。

三、钢结构

3.1 熟悉钢结构布置原则、构件选型和主要构造。
3.2 掌握受弯构件的强度及其整体稳定和局部稳定计算。
3.3 熟悉轴心受力和拉弯、压弯构件的计算。
3.4 掌握构件的连接计算及其构造要求。
3.5 了解钢结构的制作、运输和安装方面的要求。
3.6 了解钢结构的防锈、隔热和防火措施。

四、砌体结构与木结构

4.1 掌握无筋砌体构件的承载力计算。
4.2 掌握墙梁、挑梁及过梁的设计方法。
4.3 掌握配筋砖砌体的设计方法。
4.4 掌握砌体结构的抗震设计方法。

4.5 掌握底层框架砖房的设计方法。
4.6 掌握砌体结构的构造要求和抗震构造措施。
4.7 熟悉常用木结构的构件、连接计算和构造要求。
4.8 了解木结构设计对施工的质量要求

五、地基与基础

5.1 了解工程地质勘察的基本方法。
5.2 熟悉地基土（岩）的物理性质和工程分类。
5.3 熟悉地基、基础的设计原则和要求
5.4 掌握地基承载力的确定方法、地基的变形特征和计算方法。
5.5 掌握软弱地基的加固处理技术和设计方法。
5.6 掌握建筑浅基础及桩基础的计算方法和构造要求。
5.7 了解土坡稳定分析及挡土墙的设计方法。
5.8 了解地基抗液化的技术措施；了解各类软土地基加固处理及桩基础的一般施工方法和要求。

六、高层建筑结构、高耸结构与横向作用

6.1 了解竖向荷载、风荷载和地震作用对高层建筑结构和高耸结构的影响；掌握风荷载和地震作用的取值标准计算方法；掌握荷载效应的组合方法。
6.2 掌握常用高层建筑结构（框架、剪力墙和框架-剪力墙）的受力性能及适用范围。
6.3 了解概念设计的内容及原则，并能运用于高层建筑结构的设计。
6.4 了解高层建筑结构的内力与位移的计算原理；掌握常用钢筋混凝土高层建筑结构的近似计算方法、截面设计方法和构造措施。
6.5 了解水塔、烟囱等一般高耸结构的选型要求、荷载计算、设计原理和主要构造。

4.3 各科题量、时间、分数分配及题型特点

(1) 一级注册结构工程师基础考试分科题量、时间、分数分配表

上午段：

数学	24题	物理（声光热）	11题
化学	8题	理论力学	15题
材料力学	18题	流体力学	12题
建筑材料	10题	电工学	12题
工程经济	10题		

合计：120题（每题1分）4小时

下午段：

计算机与数值方法	10题
结构力学（静与动）	10题
土力学与地基基础	7题
工程测量	6题
结构设计（钢筋混凝土结构、钢结构、砌体结构）	12题
建筑施工与管理	5题
结构试验	6题
职业法规	4题

合计：60题（每题2分）4小时

总计：180题

(2) 一级注册结构工程师专业考试各科题量、分值、时间分配及题型特点

1) 各科题量及分值：

钢筋混凝土结构　　　　　　　　　　　　　　　　　15道题

钢结构	14 道题
砌体结构与木结构	14 道题
地基与基础	14 道题
高层建筑、高耸结构与横向作用	15 道题
桥梁结构	8 道题

以上各科均为必答题。平均每题 1 分，满分 80 分。

2）考试时间分配：

考试时间为上、下午各 4 小时，但不确定各科目在上、下午的配题数量。

3）题型特点：

考题由连锁计算题、综合概念题及独立单选题组成；连锁题中各小题的计算结果一般不株连；问答题（即不需计算的单选题），在整个考题中约占 15 道左右。

(3) 二级注册结构工程师专业考试各科题量、分值、时间分配及题型特点

1）各科题量及分值

1.1 钢筋混凝土结构	20 道题
1.2 钢结构	8 道题
1.3 砌体结构与木结构	20 道题
1.4 地基与基础	16 道题
1.5 高层建筑、高耸结构与横向作用	16 道题

以上各科均为必答题。平均每题 1 分，满分 80 分。

2）考试时间分配

考试时间为上、下午各 4 小时，但不确定各科目在上、下午的配题数量。

3）题型特点

考题由连锁计算题、独立单选题组成；连锁题中各分题的计算结果一般不株连；问答题（即不需计算的单选题）在整个考题中约占 20 道左右。

4.4 考前复习要点

对于参加注册结构工程师考试的考生而言,怎样进行复习才能收到好的效果,我们曾分课程在2001年和2002年的《工程建设标准化》杂志上作过介绍。这里就共性问题提出以下建议:

(1)《考试大纲》对注册结构工程师的考试内容分为掌握、熟悉和了解三个层次。要求掌握的内容是考试的重点,也是复习的重点,考生应在这一部分内容上多下功夫。对于要求熟悉和了解的内容,考生也应该进行复习,不可忽视。

(2) 与一级注册结构工程师的考试要求相比,二级注册结构工程师考试不考基础只考专业,专业考试中也不包括桥梁结构内容,但其他内容与一级的要求基本相同。因此,参加二级注册结构工程师考试的考生也应该对所考内容进行认真复习。

(3) 我国高校以往的专业划分过细,专业面窄,受行业的影响大。大多数建筑工程的学生对桥梁结构设计不了解,对高耸结构设计也不熟悉。学桥梁结构的学生对房屋结构和高耸结构设计同样不熟悉。即使是学建筑工程的学生,由于平日学习或工作的关系,在钢、木、混凝土和砌体四大建筑结构中,也可能对某些结构设计较熟悉,对其他结构不够熟悉。因此,考生要根据自己的情况,制订一个切实可行的复习计划,以达到《考试大纲》所要求的程度。

(4) 复习过程中,重点要放在对基本理论、基本方法以及规范条文的理解与应用方面,不宜将主要精力放在各类模拟考题上。

1996年开展注册结构工程师考试以来,考前复习资料愈来愈多,对考生的考试给予了很大的帮助。但是,如果考生还保留了自己学习时用过的教科书、笔记和作业的话,复习起来会感到更熟悉，效果可能会更好些。

（5）随着计算机的普及，结构工程师在计算机应用水平得到很大提高的同时，手算能力却在退化。然而，注册结构工程师的考试只允许携带计算器，不允许携带计算机，计算题只能手算不能电算。因此，要注意加强手算训练。可以在较好掌握基本理论、基本方法以及规范条文理解的基础上，以模拟题作为进行练习和自测的对象。

（6）由于专业考试时允许考生携带设计规范，因此，复习过程中不必死记硬背，要重理解。对不同结构设计规范要采用对比的方法学习，找出它们的相同与不同之处。

4.5 考试注意事项

（1）试卷作答用笔：钢笔或签字笔、圆珠笔（黑色或蓝色墨水）。考生在试卷上作答时，必须使用试卷作答用笔，不得使用铅笔，否则视为无效试卷。填涂答题卡用笔：2B 铅笔。

（2）考生须用试卷作答用笔将工作单位、姓名、准考证号分别填写在答题卡和试卷相应的栏目内。在其他位置书写单位、姓名、考号等信息的作为违纪试卷，不予评分。

（3）考生必须按题号在答题卡上将所选选项对应的字母用 2B 铅笔涂黑。当所选答案有改动时，请考生务必用橡皮将原选项的填涂痕迹擦净，以免造成电脑读卡时发生误读现象。

（4）全国一、二级注册结构工程师专业考试已改为在试卷上直接作答。即将试题、答案选项、作答过程汇总于一本试卷中，不再另配发答题纸。

（5）考生在试卷上作答时，必须在每道试题对应的答案位置处填写上该试题所选择的答案（即填写上所选答题对应的字母），并必须在相应试题答案下面的空白处写明该题的主要计算过程、计算结果（概念题应写明所选答案的主要依据），同时还须将所选答案用 2B 铅笔填涂在答题卡上。对不按上述要求作答的,视为无效,该试题不予复评计分。考生在试卷上作答时,务必书写清楚,以免影响专家人工复评工作。

(6) 考生在试卷上作答时,如果所做试题下面所预留的空位不够,可将该试题未做完部分或做错重做部分写到试卷后面的空白页上,但应在该空白页上注明所做试题的题号,同时在该试题原位上注明所转空白页的页号,以方便专家人工复评。

5 考试模拟题及答案

5.1 考试模拟题

为了使毕业生对注册结构工程师考试有一个初步的了解，同时对自己所学知识作一个检验，我们从书尾所列参考文献中选录出一部分基础性习题做模拟题，供读者自测，并在 5.2 节中给出各题的答案。有关考试试题及复习资料，可参考有关的资料。

(1) 高等数学模拟题

单选题（在本题的每一小题的备选答案中，只有一个答案是正确的。请把你认为正确答案的题号，填入题末的括号内。多选不给分。）

5.1.1 设 $f(t) = \lim\limits_{x \to \infty} t\left(1 + \dfrac{1}{x}\right)^{2tx}$，则 $f'(t)$ 等于_____。

( )

A. $(1+2t)e^{2t}$ B. te^{2t}
C. $(1+t)e^{2t}$ D. e

5.1.2 定积分 $\int_{-\frac{\pi}{2}}^{\frac{\pi}{2}} |\sin x| \, dx$ 的值是_____。 ( )

A. 0 B. 2
C. 1 D. π

5.1.3 在下列的论断中，错误的是_____。 ( )

A. 级数 $\sum\limits_{n=1}^{\infty} \dfrac{(-1)^n}{n}$ 收敛

65

B. 级数 $\sum_{n=1}^{\infty} \frac{(-1)^n}{\sqrt{n}}$ 收敛，从而 $\sum_{n=1}^{\infty} \frac{1}{\sqrt{n}}$ 收敛

C. 级数 $\sum_{n=1}^{\infty} \frac{1}{n}$ 发散

D. 级数 $\sum_{n=1}^{\infty} \frac{1}{n^2}$ 收敛

5.1.4 $f(x) = \sqrt{\sin x} + \sqrt{16 - x^2}$ 的定义域是_____。 （ ）

A. $[-4, -\pi] \cup [0, \pi]$ B. $[0, \pi]$
C. $[-4, 4]$ D. $[-4, \pi]$

5.1.5 $\lim\limits_{x \to \infty} \left(\dfrac{x+300}{x-200}\right)^{4x+1} =$ _____。 （ ）

A. 1   B. ∞
C. e   D. e^{2000}

5.1.6 设 $f(x) = \int_0^{\sin x} \sin(t^2) \, dt$，$g(x) = x^3 + x^4$，则当 $x \to 0$ 时，$f(x)$ 是 $g(x)$ 的_____。 （ ）

A. 等价无穷小   B. 同阶但非等价无穷小
C. 高阶无穷小   D. 低价无穷小

5.1.7 方程 $x^5 - 5x + 1 = 0$ 在 $(-1, 1)$ 内_____。 （ ）

A. 没有根   B. 有且仅有一根
C. 有且仅有两个互异根   D. 有五个实根

5.1.8 设 $y = (\sin x)^{x^2}$，且 $y' =$ _____。 （ ）

A. $x^2 (\sin x)^{x^2 - 1}$

B. $x^2 (\sin x)^{x^2 - 1} \cos x$

C. $2x (\sin x)^{x^2 - 1} \cos x$

D. $x (\sin x)^{x^2} (2\ln \sin x + x \cot x)$

5.1.9 $\displaystyle\int \frac{x e^x}{\sqrt{e^x - 1}} dx =$ _____。 （ ）

A. $2x\ln(1+x^2) - 4x + 4\arctan x + C$

B. $2x\ln(1+e^{2x}) + 4x + 4\arctan x + C$

C. $2x\sqrt{e^x-1} - 4\sqrt{e^x-1} + 4\arctan\sqrt{e^x-1} + C$

D. $-2x\sqrt{e^x-1} + 4\sqrt{e^x-1} - 4\arctan\sqrt{e^x-1} + C$

5.1.10 设 $y = x^3$ 在 $[0,1]$ 上满足拉格朗日中值定理的条件，则其中的 $\xi = \underline{\qquad}$。 ( )

A. $\dfrac{\sqrt{3}}{3}$ 　　　　　　　B. $-\dfrac{\sqrt{3}}{3}$

C. $\sqrt{3}$ 　　　　　　　D. $-\sqrt{3}$

5.1.11 曲面 $z = x^2 + y^2 - 1$ 在点 $(1, -1, 1)$ 处的切平面方程是_____。 ( )

A. $2x - 2y - z - 3 = 0$ 　　B. $2x - 2y + z - 5 = 0$
C. $2x + 2y - z + 1 = 0$ 　　D. $2x + 2y + z - 1 = 0$

5.1.12 设 $z = e^{\frac{y}{x}}$，则当 $x = 1$，$y = 2$ 时全微分 dz 等于_____。 ( )

A. $e^2(2dx - dy)$ 　　　B. $-e^2(2dx - dy)$
C. $e^2(2dx + dy)$ 　　　D. $-e^2(2dx + dy)$

5.1.13 函数 $z = \dfrac{x^2}{a^2} + \dfrac{y^2}{b^2}$，在点 $P(x,y)$ 处沿向径 $\boldsymbol{r} = x\boldsymbol{i} + y\boldsymbol{j}$
($|\boldsymbol{r}| = r = \sqrt{x^2+y^2}$) 的方向导数 $\dfrac{\partial z}{\partial r}$ 等于_____。 ( )

A. $-\dfrac{2}{r}z$ 　　　　　　B. $\dfrac{2}{r}z$

C. $-\dfrac{z}{r^2}$ 　　　　　　D. $\dfrac{z}{r^2}$

5.1.14 $\int_0^{\frac{1}{2}} \arcsin x\, dx$ 等于_____。 ( )

A. $\dfrac{\pi}{12} - \dfrac{\sqrt{3}}{2} + 1$ 　　　B. $\dfrac{\pi}{12} - \dfrac{\sqrt{3}}{2} - 1$

C. $\dfrac{\pi}{12}+\dfrac{\sqrt{3}}{2}-1$ 　　　　　　D. $\dfrac{\pi}{12}+\dfrac{\sqrt{3}}{2}+1$

5.1.15 下列对定积分 $\int_{\frac{\pi}{4}}^{\frac{\pi}{2}}\dfrac{\sin x}{x}\mathrm{d}x$ 的值的估计式中，正确的为_____。　　　　　　　　　　　　　　　（　　）

A. $0\leqslant\int_{\frac{\pi}{4}}^{\frac{\pi}{2}}\dfrac{\sin x}{x}\mathrm{d}x\leqslant\dfrac{1}{2}$　　B. $\dfrac{1}{2}\leqslant\int_{\frac{\pi}{4}}^{\frac{\pi}{2}}\dfrac{\sin x}{x}\mathrm{d}x\leqslant\dfrac{\sqrt{2}}{2}$

C. $\dfrac{\sqrt{2}}{2}\leqslant\int_{\frac{\pi}{4}}^{\frac{\pi}{2}}\dfrac{\sin x}{x}\mathrm{d}x\leqslant 1$　　D. $1\leqslant\int_{\frac{\pi}{4}}^{\frac{\pi}{2}}\dfrac{\sin x}{x}\mathrm{d}x\leqslant 2$

5.1.16 反常积分 $\int_{1}^{e}\dfrac{\mathrm{d}x}{x\sqrt{1-(\ln x)^{2}}}$ 等于_____。（　　）

A. $\dfrac{\pi}{2}$　　　　　　　　B. $\dfrac{\pi}{3}$

C. $\dfrac{\pi}{4}$　　　　　　　　D. ∞

5.1.17 下列结论中，错误的是_____。　　（　　）

A. $\int_{-\infty}^{+\infty}\dfrac{2x}{1+x^{2}}\mathrm{d}x$ 收敛　　B. $\int_{e}^{+\infty}\dfrac{\mathrm{d}x}{x\ln^{2}x}$ 收敛

C. $\int_{-1}^{1}\dfrac{\mathrm{d}x}{\sqrt[3]{x^{2}}}$ 收敛　　D. $\int_{0}^{+\infty}\dfrac{\mathrm{d}x}{x^{2}}$ 发散

5.1.18 交换二次积分的积分顺序：$\int_{0}^{1}\mathrm{d}x\int_{0}^{1-x}f(x,y)\mathrm{d}y=$ _____。　　　　　　　　　　　　　　　　　　（　　）

A. $\int_{0}^{1}\mathrm{d}y\int_{0}^{1-y}f(x,y)\mathrm{d}x$　　B. $\int_{0}^{1-x}\mathrm{d}y\int_{0}^{1}f(x,y)\mathrm{d}x$

C. $\int_{0}^{1}\mathrm{d}y\int_{0}^{1}f(x,y)\mathrm{d}x$　　D. $\int_{0}^{1}\mathrm{d}y\int_{0}^{1-x}f(x,y)\mathrm{d}x$

5.1.19 函数 $u=x+y+z$ 在沿球面 $x^{2}+y^{2}+z^{2}=1$ 上点 $M(x_{0},y_{0},z_{0})$ 处的外法线方向上的方向导数 $\left.\dfrac{\partial z}{\partial n}\right|_{M}$ = _____。

（　　）

A. 2 B. 1
C. $2x_0y_0z_0$ D. $x_0+y_0+z_0$

5.1.20 设 Ω 是由抛物柱面 $y=\sqrt{x}$ 及平面 $y=0$, $x+z=\dfrac{\pi}{2}$ 所围成的区域，则 $\iiint_{\Omega} y\cos(x+z)\mathrm{d}x\mathrm{d}y\mathrm{d}z =$ _____。 ( )

A. $\dfrac{\pi^2}{16}-\dfrac{1}{2}$ B. $\dfrac{\pi^2}{16}+\dfrac{1}{2}$

C. $\dfrac{\pi^2}{8}-1$ D. $\dfrac{\pi^2}{8}+1$

5.1.21 设 C 为由点 $A(a,0)$ 至点 $O(0,0)$ 的上半圆周 $x^2+y^2=ax$，则曲线积分 $\int_C (\mathrm{e}^x\sin y - my)\mathrm{d}x + (\mathrm{e}^x\cos y - m)\mathrm{d}y =$ _____。 ( )

A. $\dfrac{\pi m}{8}a^2$ B. 0

C. $\pi m a^2$ D. $\dfrac{\pi m}{4}a^2$

5.1.22 双纽线 $(x^2+y^2)^2 = x^2-y^2$ 所围成的区域面积可用定积分表示为_____。 ( )

A. $2\int_0^{\frac{\pi}{4}} \cos 2\theta \mathrm{d}\theta$ B. $4\int_0^{\frac{\pi}{4}} \cos 2\theta \mathrm{d}\theta$

C. $2\int_0^{\frac{\pi}{4}} \sqrt{\cos 2\theta}\mathrm{d}\theta$ D. $\dfrac{1}{2}\int_0^{\frac{\pi}{4}} (\cos 2\theta)^2 \mathrm{d}\theta$

5.1.23 设 $f(x) = \pi x + x^2 (-\pi < x < \pi)$ 的傅里叶级数展开式为 $\dfrac{a_0}{2} + \sum_{n=1}^{\infty}(a_n\cos n\pi + b_n\sin n\pi)$，则其中系数 $b_3 =$ _____。
( )

A. $\dfrac{2}{3}\pi$ B. $\dfrac{1}{3}\pi$

C. π D. 2π

5.1.24 设 $u = \ln\sqrt{x^2+y^2+z^2}$,则 $\operatorname{div}(\operatorname{grad} u) =$ _____。
( )

A. $x^2+y^2+z^2$
B. $\dfrac{1}{x^2+y^2+z^2}$

C. $\sqrt{x^2+y^2+z^2}$
D. $\dfrac{1}{\sqrt{x^2+y^2+z^2}}$

5.1.25 设 $z = x^3 f(xy, \dfrac{y}{x})$,其中,$f(u,v) \in C^2$,则 $\dfrac{\partial^2 z}{\partial x \partial y}$
= _____。 ( )

A. $4x^3 f'_1 + 2xf'_2 + x^4 y f''_{11} - y f''_{22}$
B. $x^5 f''_{11} + 2x^3 f''_{12} + x f''_{22}$
C. $4x^3 f'_1 + 2xf'_2 + x^4 y f''_{11} + y f''_{22}$
D. $x^5 f''_{11} - 2x^3 f''_{12} - x f''_{22}$

5.1.26 微分方程 $y'' - 6y' + 9y = e^{2x}(x+1)$ 的通解为 _____。 ( )

A. $y = e^{3x}(C_1 + C_2 x) + e^{2x}(x+3)$
B. $y = e^{3x}(C_1 x + C_2 x^2) + e^{2x}(x+3)$
C. $y = e^{2x}(C_1 + C_2 x) + e^{2x}(x+1)$
D. $y = e^{3x} C_1 x + C_2 e^{2x}(x+3)$

5.1.27 已知矩阵 $\begin{pmatrix} 3 & 0 \\ x & 1 \end{pmatrix}$ 满足方程 $\begin{pmatrix} 3 & 0 \\ x & 1 \end{pmatrix}\begin{pmatrix} 0 & 2 \\ 1 & 0 \end{pmatrix} = \begin{pmatrix} 0 & 6 \\ 1 & 2 \end{pmatrix}$ 则 x 等于 _____。 ( )

A. 0
B. 3
C. 1
D. $\dfrac{1}{2}$

5.1.28 设事件 E、F 互斥,概率 $P(E) = p$,$P(F) = q$,则 $P(\overline{E} \cup F)$ 是 _____。 ( )

A. q
B. $1-q$

C. p D. $1-p$

5.1.29 已知随机变量 $X \sim N(1, 3^2)$，$Y \sim N(0, 4^2)$，且 X 与 Y 的相关系数 $\rho_{XY} = -\dfrac{1}{2}$。设 $Z = \dfrac{X}{3} + \dfrac{Y}{2}$，则 $E(Z)$、$D(Z)$、ρ_{XZ} 分别为 _____。 ( )

A. $E(Z) = \dfrac{1}{3}$，$D(Z) = 3$，$\rho_{XZ} = 0$

B. $E(Z) = 3$，$D(Z) = \dfrac{1}{3}$，$\rho_{XZ} = 0$

C. $E(Z) = \dfrac{1}{3}$，$D(Z) = \dfrac{1}{3}$，$\rho_{XZ} = 0$

D. $E(Z) = 3$，$D(Z) = 3$，$\rho_{XZ} = 0$

5.1.30 设某砖瓦厂所生产的砖的抗断强度 X 服从正态分布，方差 $\sigma^2 = 1.21$。今从该厂所生产的一批砖中，随机抽取 6 块，测得抗断强度值如下：32.56，29.66，31.64，30.00，31.87，31.03，可否认为这批砖的平均抗断强度值为 32.50（取 $\alpha = 0.05$）_____。 ( )

A. 可以 B. 不可以

(2) 普通物理模拟题

5.2.1 两种理想气体的温度相等，则它们的_____。 ( )

A. 内能相等 B. 分子的平均动能相等
C. 分子的平均平动动能相等 D. 分子的总能量相等

5.2.2 在某一容器内盛有质量相同的两种理想气体，其摩尔质量分别为 μ_1、μ_2，当此混合气体处于平衡态时，分子数密度之比 $\dfrac{n_1}{n_2}$ 和方均根速率之比 $\sqrt{\overline{v_1^2}}/\sqrt{\overline{v_2^2}}$ 依次为_____。 ( )

A. $\dfrac{\mu_1}{\mu_2}$，$\dfrac{\mu_2}{\mu_1}$ B. $\dfrac{\mu_2}{\mu_1}$，$\sqrt{\dfrac{\mu_1}{\mu_2}}$

C. $\dfrac{\mu_2}{\mu_1}$，$\sqrt{\dfrac{\mu_2}{\mu_1}}$ D. $\dfrac{\mu_2}{\mu_1}$，$\dfrac{\mu_1}{\mu_2}$

5.2.3 用波长为 5893×10^{-7}m 的钠光垂直照射在折射率为 1.52 的介质劈尖的上表面上,若测得相邻两条明纹中心的距离为 5.0mm,则此劈尖的楔角 θ 为_____。 (   )

A. 2.88×10^{-5} rad B. 3.88×10^{-5} rad
C. 2.68×10^{-5} rad D. 7.75×10^{-5} rad

5.2.4 在麦克斯韦速率分布律中,$f(v)$ 的速度分布函数,设 N 为系数中分子总数,则速率于 $v_1 \to v_2$ 之间的分子出现概率为_____。 (   )

A. $\int_0^\infty f(v)\,dv$ B. $\int_{v_1}^{v_2} vf(v)\,dv$
C. $\int_{v_1}^{v_2} f(v)\,dv$ D. $\int_{v_1}^{v_2} Nf(v)\,dv$

5.2.5 对于理想气体来说,在下列过程中,哪个过程系统吸收的热量、内能的增量和对外作功均为负值?_____。
(   )

A. 等容加压过程 B. 等温膨胀过程
C. 绝压膨胀过程 D. 等压压缩过程

5.2.6 关于可逆过程的判断,哪个是正确的?_____。
(   )

A. 可逆热力学过程一定是准静态过程
B. 准静态过程一定是可逆过程
C. 可逆过程就是能向相反方向进行的过程
D. 凡无摩擦的过程,一定是可逆过程

5.2.7 机械波波动方程为 $y = 0.03\cos 6\pi(t + 0.01x)$ (SI),则_____。 (   )

A. 其振幅为 3m B. 其周期为 $\frac{1}{3}$s
C. 其波速为 10m/s D. 波沿 x 轴正向传播

5.2.8 1mol 理想气体从 P-V 图上初态 a 分别经历如图 5-1 所示的(1)或(2)过程到达末态 b,已知 $T_a < T_b$,则这两个

过程中气体吸收的热量 Q_1 和 Q_2 的关系是_____。（   ）

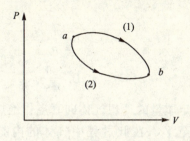

图 5-1　题 5.2.8 图

A. $Q_2 > Q_1 > 0$　　　　　　B. $Q_1 > Q_2 < 0$
C. $Q_1 < Q_2 > 0$　　　　　　D. $Q_1 > Q_2 > 0$

5.2.9　在 $P\text{-}T$ 图中，由两条绝热线和三条等温线构成三个理想卡诺循环，三条等温线的温度之比为 $T_1:T_2:T_3 = 3:2:1$。设循环 1、2、3 分别在温度 T_1 和 T_2，T_2 和 T_3，T_1 和 T_3 之间进行，则它们作逆循环时的致冷系数之比为_____。（   ）

A. 1:2:4　　　　　　　　B. 4:2:1
C. 2:1:4　　　　　　　　D. 4:1:2

5.2.10　隔板 C 把用绝热材料包裹的容器分成 A、B 两室，A 室内充以理想气体，B 室为真空。现把 C 抽掉，A 室气体充满整个容器，在此过程中_____。（   ）

A. 内能增加　　　　　　B. 压强不变
C. 温度降低　　　　　　D. 温度不变

5.2.11　理想气体起始温度为 T，体积为 V，气体在一循环过程中经历 3 个可逆过程：绝热膨胀到体积为 $2V$，等容过程使温度恢复到 T，等温压缩到原来体积 V，则此循环过程中_____。（   ）

A. 气体向外放热　　　　B. 气体对外作功
C. 气体内能减少　　　　D. 气体内能增加

5.2.12　设热源的绝对温度为冷源绝对温度的 n 倍，则在

卡诺循环中，气体将把从热源得到的热量的 K 倍交给冷源，K 值为_____。( )

A. n B. $\dfrac{1}{n}$

C. $n-1$ D. $\dfrac{1}{n-1}$

5.2.13 一定质量的理想气体向真空作绝热自由膨胀，气体体积由 V_1 增至 V_2，在此过程中气体的内能、熵的变化是_____。( )

A. 内能增加，熵增加 B. 内能减少，熵不变
C. 内能不变，熵增加 D. 内能不变，熵不变

5.2.14 在相同的高温热源和低温热源之间工作的两个卡诺循环，若在 P-V 图中循环1所围面积比循环2所围面积大，则此两循环的净功和效率之间有_____。( )

A. $A_1 > A_2$，$\eta_1 > \eta_2$ B. $A_1 > A_2$，$\eta_1 < \eta_2$
C. $A_1 < A_2$，$\eta_1 = \eta_2$ D. $A_1 > A_2$，$\eta_1 = \eta_2$

5.2.15 绝对黑体是_____。( )

A. 不辐射可见光的物体
B. 不辐射任何光线的物体
C. 不能反射可见光的物体
D. 不能反射任何光线的物体

5.2.16 两波源 S_1 和 S_2 相距 $\dfrac{3}{4}\lambda$，发出同频率、同强度 I、同波长 λ 的平面谐波。已知在 S_1S_2 连线上 S_2 的外侧的合成波的强度为 $4I$，则二波源的初位相差 $\phi_1 - \phi_2$ 为_____。( )

A. $\dfrac{\pi}{2}$ B. π

C. $\dfrac{3}{2}\pi$ D. 0

5.2.17 一振幅为 A、周期为 T、波长为 λ 的平面谐波，沿

x 轴的负方向传播。在 $x = \frac{\lambda}{2}$ 处，$t = \frac{T}{4}$ 时，振动位相为 π，则此谐波表达式为_____。 （   ）

A. $y = A\cos\left(2\pi \frac{t}{T} - 2\pi \frac{x}{\lambda} - \frac{\pi}{2}\right)$

B. $y = A\cos\left(2\pi \frac{t}{T} + 2\pi \frac{x}{\lambda} + \frac{\pi}{2}\right)$

C. $y = A\cos\left(2\pi \frac{t}{T} + 2\pi \frac{x}{\lambda} - \frac{\pi}{2}\right)$

D. $y = A\cos\left(2\pi \frac{t}{T} + 2\pi \frac{x}{\lambda} + \pi\right)$

5.2.18 一平面谐波 $y = 0.1\cos\left(20\pi t + x + \frac{\pi}{2}\right)$ （m）与同幅同频反向谐波合成形成驻波 $y = 0.2\cos 20\pi t \sin x$（m），则反向谐波的表达式为_____。 （   ）

A. $y = 0.1\cos\left(20\pi t - x + \frac{\pi}{2}\right)$ （m）

B. $y = 0.1\cos\left(20\pi t - x - \frac{\pi}{2}\right)$ （m）

C. $y = 0.1\cos(20\pi t + x + \pi)$ （m）

D. $y = 0.1\cos(20\pi t - x - \pi)$ （m）

5.2.19 两火车以 20m/s 的速度在双轨线上相向而行，汽笛频率均为 500Hz，若声速为 340m/s，则火车司机听到自己汽笛和对方汽笛的频率为_____。 （   ）

A. 500Hz，562.5Hz　　　　B. 562.5Hz，500Hz
C. 500Hz，500Hz　　　　　D. 500Hz，529.4Hz

5.2.20 对两个声压相同但频率不同的纯音，正常人耳听起来感觉是_____。 （   ）

A. 两个声音一样响　　　　B. 频率较高的声音较响
C. 频率较高的声音较轻　　D. 不确定

5.2.21 频率为 500kHz、声强为 1200W/cm^2、声速为

1500m/s 的超声波,在(水的密度为 $1g/cm^3$)水中传播,其声压振幅 P_m 及位移振幅为_____。( )

A. $6.0 \times 10^6 N/m^2$, $1.27 \times 10^{-6} m$
B. $3.6 \times 10^9 N/m^2$, $1.27 \times 10^{-6} m$
C. $3.6 \times 10^9 N/m^2$, $1.63 \times 10^{-12} m$
D. $6.0 \times 10^6 N/m^2$, $1.63 \times 10^{-12} m$

5.2.22 一束波长为 λ 的单色光从空气垂直入射到折射率为 n 的透明薄膜上,要使反射光线得到加强,薄膜厚度应为_____。( )

A. $\dfrac{\lambda}{4}$ B. $\dfrac{\lambda}{4n}$

C. $\dfrac{\lambda}{2}$ D. $\dfrac{\lambda}{2n}$

5.2.23 把折射率为 n 的薄膜放入迈克尔逊干涉仪的一臂时,如果由此产生了 7 条干涉条纹的移动,则膜厚 t 为_____。( )

A. $t = \dfrac{7\lambda}{2(n-1)}$ B. $t = \dfrac{6\lambda}{2(n-1)}$

C. $t = \dfrac{7\lambda}{2n-1}$ D. $t = \dfrac{6\lambda}{2n-1}$

5.2.24 在单缝夫琅和费衍射实验中,波长为 λ 的单色光垂直入射到宽度为 $a = 4\lambda$ 的单缝上,对应于衍射角为 30° 的方向,单缝波阵面可分成的半波带数目为_____。( )

A. 2 个 B. 4 个
C. 6 个 D. 8 个

5.2.25 光强为 I_0 的自然光依次通过两个偏振片 P_1 和 P_2,若 P_1 和 P_2 的偏振化方向的夹角为 α,则透射偏振光的强度 I 是_____。( )

A. $I_0 \cos^4 \alpha$ B. $\dfrac{I_0}{2} \cos \alpha$

C. $\dfrac{I_0}{2}\cos^2\alpha$ D. $I_0\cos^2\alpha$

5.2.26 在温度 T 一定时，气体分子的平均自由程 $\overline{\lambda}$ 和压强 P 的关系为_____。   ( )

A. $\overline{\lambda}$ 与 P 成正比   B. $\overline{\lambda}$ 与 $\sqrt{P}$ 成正比

C. $\overline{\lambda}$ 与 P 成反比   D. $\overline{\lambda}$ 与 $\sqrt{P}$ 成反比

5.2.27 在一密闭容器中，储有 A、B、C 三种理想气体，处于平衡态。A 种气体的分子数密度为 n_1，它产生的压强 P_1，B 种气体分子的数密度为 $2n_1$，C 种气体的分子数密度为 $3n_1$，则混合气体的压强 P 为_____。   ( )

A. $3P_1$ B. $4P_1$

C. $5P_1$ D. $6P_1$

5.2.28 一束自然光以布儒斯特角入射到平板玻璃片上，则_____。   ( )

A. 反射光束垂直于入射面偏振，透射光束平行于入射面且为完全线偏振光

B. 反射光束平行于入射面偏振，透射光束为部分偏振光

C. 反射光束是垂直于入射面的线偏振光，透射光速是部分偏光

D. 反射光束和透射光束都是部分偏振光

5.2.29 直径为 2m 的圆台中心正上方 2m 高处，有一发光强度为 200cd 的灯泡，（可视为点光源）。则在圆台中心 O 处及台边缘处的光照度 E_0、E_B 为_____。   ( )

A. 100lx，35.78lx   B. 50lx，35.78lx

C. 50lx，40lx   D. 100lx，90lx

5.2.30 一个 12V、50W 的白炽钨丝灯，总光通量为 1000lm，设向各方向发光强度相等（可视为点光源），则以灯丝为中心且半径为 1m、2m、3m 的球面上的光照度之比为_____。   ( )

A. 1:2:3　　　　　　　　B. $1:2^2:3^2$

C. $1:\dfrac{1}{2}:\dfrac{1}{3}$　　　　　　D. $1:\dfrac{1}{2^2}:\dfrac{1}{3^2}$

（3）化学模拟题

5.3.1　升高温度可以增加反应速率，主要原因是_____。　　　　　　　　　　　　　　　　　　　（　　）

A. 增加了分子总数　　　B. 降低了反应活化能

C. 增加了活化分子百分数　　D. 分子平均动能增加

5.3.2　某放热反应，正反应活化能是 $15kJ\cdot mol^{-1}$，逆反应的活化能是_____。　　　　　　　　　　　（　　）

A. $-15kJ\cdot mol^{-1}$　　　B. 大于 $15kJ\cdot mol^{-1}$

C. 小于 $15kJ\cdot mol^{-1}$　　D. 无法判断

5.3.3　某气相反应 $2NO+O_2 \rightleftharpoons 2NO_2$ 是放热反应，反应达到平衡时，使平衡向左移动的条件是_____。　（　　）

A. 升高温度和增加压力　　B. 降低温度和压力

C. 降低温度和增大压力　　D. 升高温度和降低压力

5.3.4　某温度下，下列反应的平衡常数为

$$2SO_2(g)+O_2(g) \rightleftharpoons 2SO_3(g) \quad K_1^{\ominus}$$

$$SO_3(g) \rightleftharpoons SO_2(g)+\dfrac{1}{2}O_2(g) \quad K_2^{\ominus}$$

$K_1^{\ominus}$ 与 $K_2^{\ominus}$ 的关系是_____。　　　　　　　　（　　）

A. $K_1^{\ominus}=K_2^{\ominus}$　　　　　B. $K_1^{\ominus}=\dfrac{1}{(K_1^{\ominus})^2}$

C. $(K_2^{\ominus})^2=K_1^{\ominus}$　　　　D. $K_2^{\ominus}=2K_1^{\ominus}$

5.3.5　下列反应的平衡常数 K_c 的表达式是_____。

　　　　　　　　　　　　　　　　　　　　　　　　（　　）

$$P_4(s)+10Cl_2(g) \rightleftharpoons 4PCl_5(g)$$

A. $\dfrac{[PCl_5]^4}{[P_4]}$　　　　　　B. $\dfrac{[Cl_2]^{10}}{[PCl_5]^4}$

C. $\dfrac{[PCl_5]^4}{[Cl_2]^{10}}$ D. $\dfrac{[PCl_5]^2}{[Cl_2]^5}$

5.3.6 298K 时，NaCl 晶体溶于水形成饱和溶液的过程属于：_____。( )

A. $\Delta G = 0$，$\Delta S > 0$ B. $\Delta G < 0$，$\Delta S < 0$
C. $\Delta G < 0$，$\Delta S > 0$ D. $\Delta G > 0$，$\Delta S < 0$

5.3.7 下列物质中，具有极性键的非极性分子为_____。( )

A. NH_3 B. CCl_4
C. H_2O D. H_2

5.3.8 在 CH_4 分子间存在的作用力主要是_____。( )

A. 色散力 B. 诱导力
C. 取向力 D. 氢键

5.3.9 石墨晶体在常温下有优良的导电性和传热性，这是因为_____。( )

A. 石墨在高温下能分解成碳正离子和碳负离子
B. 石墨是靠金属键结合起来的，具有金属特性
C. 石墨具有半导体性质
D. 石墨晶体中含有一层层的共轭大 π 键

5.3.10 在室温下处于玻璃态的高分子材料称为_____。( )

A. 陶瓷 B. 玻璃
C. 塑料 D. 橡胶

5.3.11 $0.2\,mol\cdot l^{-1}$ HAC 与 $0.2\,mol\cdot l^{-1}$ NaAC 溶液等体积混合，要使 pH 值维持在 4.05，混合后酸与盐的比应为（$K_{HAC}^{\ominus} = 1.76 \times 10^{-5}$）_____。( )

A. 6:1 B. 4:1
C. 50:1 D. 5:1

5.3.12 已知 $K_a^\ominus$(HCN) $=5.0\times10^{-10}$，则 $0.1\text{mol}\cdot\text{l}^{-1}$ 的 NaCN 溶液中水解常数为_____。 ( )

A. 2×10^{-5} B. 5×10^{-10}
C. 2.2×10^{-6} D. 5×10^{-24}

5.3.13 AgCl 在（Ⅰ）纯水中，（Ⅱ）NaCl 溶液中，（Ⅲ）$Na_2S_2O_3$ 溶液中的溶解度大小顺序是_____。 ( )

A. Ⅰ>Ⅱ>Ⅲ B. Ⅲ>Ⅱ>Ⅰ
C. Ⅲ>Ⅰ>Ⅱ D. Ⅰ>Ⅲ>Ⅱ

5.3.14 从能自发进行的反应 $2Fe^{3+}+Cu\rightleftharpoons 2Fe^{2+}+Cu^{2+}$
$Cu^{2+}+Fe\rightleftharpoons Fe^{2+}+Cu$，可比较 $a\cdot\varphi$(Fe^{3+}/Fe^{2+})，$b\cdot\varphi$(Cu^{2+}/Cu)，$c\cdot\varphi$(Fe^{2}/Fe) 的代数值大小顺序为_____。 ( )

A. $a>b>c$ B. $c>b>a$
C. $b>a>c$ D. $a>c>b$

5.3.15 某一电池由下列两个半电池组成
$$A^{2+}+2e\rightleftharpoons A,\quad B^{2+}+2e\rightleftharpoons B$$
反应 $A+B^{2+}\rightleftharpoons A^{2+}+B$ 的平衡常数是 10^4，则该电池的标准电动势是_____。 ( )

A. +0.118V B. +1.20V
C. +0.07V D. -0.50V

5.3.16 某有机物含有下列哪种官能团时，既能发生氧化反应、酯化反应，又能发生消去反应_____。 ( )

A. -COOH B. -OH
C. -Cl D. $C=C$

5.3.17 用铜电极电解 $CuCl_2$ 水溶液时，其阳极的电极反应主要是_____。 ( )

A. $4OH^- -4e^- = 2H_2O+O_2$ B. $2Cl^- -2e^- = Cl_2$
C. $2H^+ +2e^- = H_2$ D. $Cu-2e^- = Cu^{2+}$

5.3.18 差异充气腐蚀电池中,氧气的浓度大和浓度小的部分名称为_____。 (　　)
  A. 阳极和阴极　　　　B. 阴极和阳极
  C. 正极和负极　　　　D. 负极和正极

5.3.19 下列各套量子数,不合理的是_____。 (　　)
  A. $n=2$, $l=1$, $m=-1$　　B. $n=3$, $l=1$, $m=0$
  C. $n=2$, $l=2$, $m=-2$　　D. $n=4$, $l=3$, $m=3$

5.3.20 属于第五周期的某一元素的原子失去3个电子后,在角量子数为2的外层轨道上电子恰好处于半充满状态,该元素的原子序数为_____。 (　　)
  A. 26　　　　　　　　B. 41
  C. 76　　　　　　　　D. 44

5.3.21 下列共价型化合物中,键有极性,分子没有极性的是_____。 (　　)
  A. H_2O　　　　　　B. $CHCl_3$
  C. BF_3　　　　　　D. PCl_3

5.3.22 OF_2分子中,氧原子成键的轨道类型为_____。
 (　　)
  A. Sp^3杂化　　　　B. dSp^2杂化
  C. Sp^2杂化　　　　D. Sp^3不等性杂化

5.3.23 下列含氢化合物中,分子间具有氢键的是_____。 (　　)
  A. SiH_4　　　　　　B. HF
  C. H_2S　　　　　　D. C_2H_6

5.3.24 下列晶体熔化时要破坏共价键的是_____。
 (　　)
  A. SiC　　　　　　　B. MgO
  C. CO_2　　　　　　D. Cu

5.3.25 下列各项性质排列顺序有错误的是_____。
 (　　)

A. 热稳定性：Na_2CO_3，$BaCO_3$，$FeCO_3$，$Ca(HCO_3)_2$

B. 熔点：$BaCl_2$，$AlCl_3$，$FeCl_2$，CCl_4

C. 硬度：SiO_2，BaO，CO_2

D. 水解度：$SiCl_4$，$FeCl_3$，$FeCl_2$，$CaCl_2$

5.3.26 下列各组物质中具有正四面体结构的是_____。
( )

A. $[Cu(NH_3)_4]^{2+}$ 和 $CHCl_3$

B. $[Ni(CN)_4]^{2-}$ 和 BCl_3

C. $[Zn(NH_3)_4]^{2+}$ 和 SiF_4

D. $[Ag(CN)_2]^-$ 和 H_2O

5.3.27 下列配合物中，中心离子的配位数有错误的是_____。 ( )

A. $H_2[PtCl_6]$ B. $K[Co(NO_2)_2(en)_2Cl_2]$

C. $[Cr(NH_3)_5Cl]Cl_2$ D. $Na_3[Ag(S_2O_3)_2]$

5.3.28 已知电对 $Zn^{2+} + 2e^- \rightleftharpoons Zn$ 的 $\varphi^\ominus = -0.763V$，$[Zn(CN)_4]^{2-}$ 的 $K^\ominus_{稳} = 5 \times 10^{16}$，则电对 $[Zn(CN)_4]^{2-} + 2e^- \rightleftharpoons Zn + 4CN^-$ 的标准电极电势（V）为_____。 ( )

A. -0.27 B. -1.26

C. $+1.75$ D. -0.22

5.3.29 苯乙烯与丁二烯反应后的产物是_____。
( )

A. 合成纤维 B. 丁苯橡胶

C. 合成树脂 D. 聚苯乙烯

5.3.30 ABS 树脂是下列哪一组单体的共聚物_____。
( )

A. 丁二烯，苯乙烯，丙烯腈

B. 丁二烯，氯乙烯，苯烯腈

C. 苯乙烯，氯丁烯，丙烯腈

D. 苯烯腈，丁二烯，苯乙烯

(4) 土木工程材料模拟题

5.4.1 非晶态的玻璃体具有如下特点：
①内部原子无序排列
②有一定的熔点
③具有较高的化学活性
④各向异性
⑤导热性比晶体差
下列哪一组是正确的？_____。　　　　　　　　（　）
A. ①③⑤　　　　　　　B. ①②③
C. ②④⑤　　　　　　　D. ②③④

5.4.2 水泥石中的水化硅酸钙属哪一种聚集态的物质？
_____。　　　　　　　　　　　　　　　　　　（　）
A. 晶体　　　B. 玻璃体　　　C. 凝胶体

5.4.3 金属晶体是各向异性的，而金属材料却是各向同性的，其原因是_____。　　　　　　　　　　　　　（　）
A. 因金属材料的原子排列是完全无序的
B. 因金属材料中的晶粒是随机取向的
C. 因金属材料是玻璃体与晶体的混合物

5.4.4 水泥石中质点之间的微观结合力主要是_____。
　　　　　　　　　　　　　　　　　　　　　　　（　）
A. 离子键　　　　　　　B. 共价键
C. 金属键　　　　　　　D. 范德华力

5.4.5 材料的耐水性可用软化系数表示，软化系数是
_____。　　　　　　　　　　　　　　　　　　（　）
A. 吸水率与含水率之比
B. 材料饱水抗压强度与干燥抗压强度之比
C. 水滴在材料表面所形成的润湿边角
D. 材料饱水弹性模量与干燥弹性模量之比

5.4.6 绝热材料的导热系数与含水率的关系是_____。
　　　　　　　　　　　　　　　　　　　　　　　（　）

83

A. 含水率愈大导热系数愈小
B. 导热系数与含水率无关
C. 含水率愈小导热系数愈小

5.4.7 同一种材料其主要物理参数的相互关系是：

①密度＞表观密度＞堆积密度

②表观密度＜堆积密度＜密度

③密度＞堆积密度＞近似密度

④近似密度＞表观密度＞堆积密度

下列何为正确？_____　　　　　　　　　　（　　）

A. ①、④　　　　　　　　B. ①、③
C. ④、②　　　　　　　　D. ③、④

5.4.8 一般来说，材料孔隙率与下列性质有关：

①强度

②密度

③表观密度

④耐久性

下列何者正确？_____　　　　　　　　　　（　　）

A. ①、②、③　　　　　　B. ①、③、④
C. ②、③、④　　　　　　D. ①、②、④

5.4.9 脆性材料的特征是

①破坏前无明显变形

②抗压强度比抗拉强度大得多

③抗冲击破坏时吸收能量大

④受力破坏时，外力所做的功大

下列何者正确？_____　　　　　　　　　　（　　）

A. ①、③　　　　　　　　B. ①、④
C. ①、②　　　　　　　　D. ②、③

5.4.10 建筑材料的强度受下列因素的影响

①材料的含水状态

②材料的孔隙率
③设计荷载的大小
④设计构件的大小
下列何者正确？_____ （ ）
A. ①、④   B. ①、③
C. ②、④   D. ①、②

5.4.11 我国热轧钢筋分为四级，其分级依据是
①屈服极限
②抗拉强度
③加工方式
④伸长率
⑤冷弯性能
⑥脱氧程度
下列何者正确？_____ （ ）
A. ①②④⑤   B. ①②③④
C. ②③④⑤   D. ③④⑤⑥

5.4.12 钢材冷加工后下列有关性能将产生变化：
①屈服极限提高
②屈强比下降
③伸长率减小
④抗拉强度提高
⑤冲击韧性提高
下列何者正确？_____ （ ）
A. ①②③   B. ①③④
C. ①②④   D. ③⑤④

5.4.13 某钢的化验结果有下列元素：
①S ②Mn ③C ④P ⑤O ⑥N ⑦Si ⑧Fe
下列哪一组全是有害元素？_____ （ ）
A. ①②③④   B. ③④⑤⑥

C. ①④⑤⑥　　　　　　D. ⑦⑤④①

5.4.14 硅酸盐水泥与普通硅酸盐水泥的主要性能差异是
_____。　　　　　　　　　　　　　　　　（　　）

A. 普通硅酸盐水泥的强度等级范围比硅酸盐水泥宽
B. 抗腐蚀能力显著不同
C. 熟料的矿物组成不同

5.4.15 某大体积混凝土工程，备有：
①高铝水泥
②矿渣水泥
③快硬硅酸盐水泥
④粉煤灰水泥
⑤硅酸盐水泥
下列选择何为正确？_____　　　　　　　（　　）
A. ①②　　　　　　　　B. ②④
C. ③④　　　　　　　　D. ②⑤

5.4.16 安定性不合格的水泥应作如下处理_____。
　　　　　　　　　　　　　　　　　　　　　（　　）

A. 降低等级使用
B. 只用于基础部分
C. 作废品处理

5.4.17 混凝土的强度受下列因素的影响：
①施工和易性
②水灰比
③缓凝剂
④水泥强度等级
⑤骨料品种
下列何者正确？_____　　　　　　　　　（　　）
A. ①②④　　　　　　　B. ②③④
C. ①②③　　　　　　　D. ②④⑤

5.4.18 某混凝土工程产生裂纹,人们提出一系列可能引发裂纹的原因,你认为下列哪些原因是不正确的?_____
( )

A. 因硅酸盐水泥水化产生体积膨胀而胀裂
B. 因干缩变形而开裂
C. 因水化热导致内外温差而开裂
D. 因抵抗温度应力的钢筋配置不足
E. 因水泥安定性不良

5.4.19 为配置高强度等级混凝土,在下列外加剂中以何者为宜?_____ ( )

A. 早强剂   B. 减水剂
C. 膨胀剂   D. 防冻剂
E. 缓凝剂

5.4.20 混凝土立方抗压强度标准试件的尺寸是_____。
( )

A. $100mm \times 100mm \times 100mm$
B. $150mm \times 150mm \times 300mm$
C. $150mm \times 150mm \times 150mm$

5.4.21 当声波遇到材料表面时,若入射声能的55%被吸收,10%穿透材料,其余被反射。则该材料的吸声系数为_____。 ( )

A. 0.35   B. 0.45
C. 0.55   D. 0.65

5.4.22 新建房屋的墙体保暖性能差,尤其在第一年冬季,室内比较冷,其原因是:_____。 ( )

A. 墙体的热容量小   B. 墙体的含水率较大
C. 墙体的密封性差   D. 室内供暖未稳定

5.4.23 建筑石膏的主要化学成分为_____。 ( )

A. $\alpha-CaSO_4 \cdot \frac{1}{2}H_2O$ B. $\beta-CaSO_4 \cdot \frac{1}{2}H_2O$

C. $CaSO_4 \cdot 2H_2O$　　　　　　D. $CaSO_4$

5.4.24　生石灰使用前的陈伏处理是为了_____。

（　　）

A. 消除过火石灰的危害
B. 消除欠火石灰的危害
C. 蒸发多余水分
D. 放出水化热

5.4.25　_____浆体在凝结硬化过程中，其体积发生微小膨胀

A. 石灰　　　　　　　B. 石膏
C. 菱苦土　　　　　　D. 水泥

5.4.26　试分析下列工程，哪些工程不适于选用石膏和石膏制品_____。（　　）

A. 吊顶材料　　　　　B. 影剧院穿孔贴面板
C. 冷库内墙贴面　　　D. 非承重隔墙板

5.4.27　石灰膏应在储灰坑中存放_____以上方可使用。

（　　）

A. 3 天　　　　　　　B. 7 天
C. 14 天　　　　　　 D. 28 天

5.4.28　石灰在建筑中不宜_____。（　　）

A. 单独用于建筑物基础　　B. 拌制石灰砂浆
C. 制成灰土和三合土　　　D. 生产硅酸盐制品

5.4.29　硅酸盐水泥硬化后，由于环境中含有较高的硫酸盐而引起水泥石膨胀开裂，这是由于产生了_____。（　　）

A. $CaSO_4$　　　　　　B. $Ca(OH)_2$
C. $MgSO_4$　　　　　　D. 钙矾石

5.4.30　高层建筑的基础底板工程混凝土宜优先选用_____。（　　）

A. 硅酸盐水泥　　　　　B. 普通硅酸盐水泥

C. 矿渣硅酸盐水泥　　　　D. 火山灰质硅酸盐水泥

(5) 理论力学模拟题

5.5.1　力的可传性原理仅适用于_____。　　　　（　）

A. 一个刚体　　　B. 两个以上的刚体　　　C. 变形体

5.5.2　在平面力系中，一个力和一个力偶可与_____等效。　　　　　　　　　　　　　　　　　　　　　（　）

A. 另一个力　　　B. 另一力偶　　　　C. 一平衡力系

5.5.3　在半径为 r、中心固定铰支的圆轮上，作用一矩为 m 的力偶（转向如图 5-2 所示）；在轮缘上作用一切向力 P，且 $P \cdot r = m$。轮子处于平衡状态，这是因为_____。　　（　）

A. 力 P 与力偶相平衡

B. 力 P 与轴承反力平衡

C. 力 P 与轴承反力组成一力偶，与已知力偶平衡

5.5.4　如图 5-3 所示，简支梁 AB 长为 l，其上作用三角形分布荷载，最大荷载集度为 q。B 端反力的大小为_____。

（　）

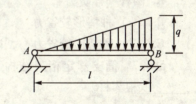

图 5-2　题 5.5.3 图　　　　图 5-3　题 5.5.4 图

A. $\frac{1}{2}ql$　　　B. $\frac{1}{3}ql$　　　C. $\frac{1}{6}ql$

5.5.5　悬臂梁 AB 长 l，荷载情况如图 5-4 所示。固定端 A 的约束反力与力偶矩分别为_____。　　　　　　（　）

A. ql；0　　　B. ql；$\frac{1}{2}ql^2$　　　C. ql；$\frac{1}{4}ql$

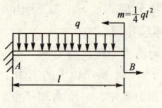

图 5-4 题 5.5.5 图

5.5.6 如图 5-5 所示，A、B 两物块各重 G_A 与 G_B。设两物块间的摩擦系数为 μ_1；物块 B 与水平面间的摩擦系数为 μ_2。用水平力 P 拉动物块 B，则对于图中两种情形，_____。 ( )

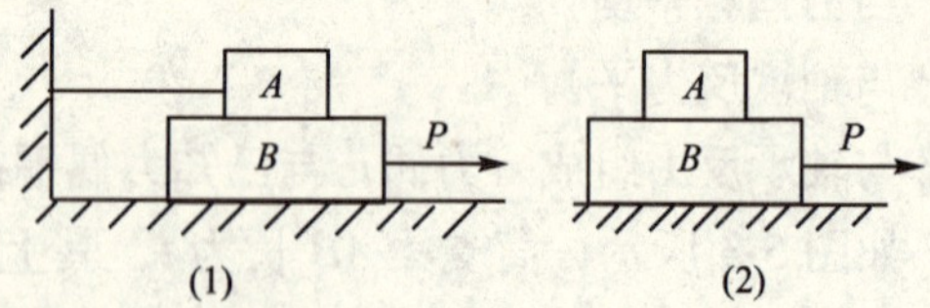

图 5-5 题 5.5.6 图

A. 两种一样费力
B. （1）种情形较省力
C. （2）种情形较省力

5.5.7 简支静定桁架结构与荷载如图 5-6 所示，其中有_____根零杆。 ( )

A. 1
B. 2
C. 3
D. 4

5.5.8 如图 5-7 所示，力 F 作用在 $OABC$ 平面内，它对 ox、oy、oz 三轴之矩是_____。 ( )

A. $m_x(F)=0$，$m_y(F)=0$，$m_z(F)=0$
B. $m_x(F)\neq 0$，$m_y(F)=0$，$m_z(F)=0$
C. $m_x(F)\neq 0$，$m_y(F)\neq 0$，$m_z(F)=0$
D. $m_x(F)\neq 0$，$m_y(F)\neq 0$，$m_z(F)\neq 0$

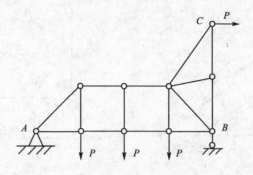

图 5-6 题 5.5.7 图

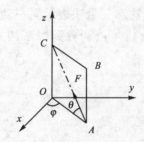

图 5-7 题 5.5.8 图

5.5.9 如图 5-8 所示，A、B 两物块各重 P，叠放在倾角为 α 的斜角上。B 块与斜面间是光滑的；A、B 两物块间的摩擦系数为 $\mu > \tan\alpha$。A 块被平行于斜面的细绳拉住。则平衡时绳的拉力为_____。 ( )

A. $P\sin\alpha$ B. $\mu P\cos\alpha$
C. 0   D. $2P\sin\alpha$

5.5.10 如图 5-9 所示，均质等厚矩形板，重 200N，A 处用球铰、B 处用蝶形铰装在墙上，另用绳 CE 维持板在水平位置。$\angle BAC = \angle ACE = 30°$。平衡时绳的拉力为_____。 ( )

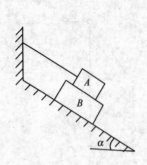

图 5-8 题 5.5.9 图   图 5-9 题 5.5.10 图

A. $T=200\mathrm{N}$ B. $200\mathrm{N}/\sin 30°$ C. $\dfrac{200}{2\sin 30°}\mathrm{N}$

5.5.11 用自然法和矢量法表示同一动点的运动方程分别为 $s=s(t)$ 和 $r=x(t)\boldsymbol{i}+y(t)\boldsymbol{j}$，则以下四式中惟一正确的是_____。（ ）

A. $\dfrac{\mathrm{d}s}{\mathrm{d}t}=\dfrac{\mathrm{d}r}{\mathrm{d}t}$

B. $\dfrac{\mathrm{d}^2 s}{\mathrm{d}t^2}=\dfrac{\mathrm{d}^2 r}{\mathrm{d}t^2}$

C. $\left(\dfrac{\mathrm{d}s}{\mathrm{d}t}\right)^2=\left(\dfrac{\mathrm{d}x}{\mathrm{d}t}\right)^2+\left(\dfrac{\mathrm{d}y}{\mathrm{d}t}\right)^2$

D. $\dfrac{\mathrm{d}^2 s}{\mathrm{d}t^2}=\dfrac{\mathrm{d}^2 x}{\mathrm{d}t^2}+\dfrac{\mathrm{d}^2 y}{\mathrm{d}t^2}$

5.5.12 如图 5-10 所示，直杆 OA 在图示平面内绕 O 轴转动，某瞬时 A 点的加速度值 $a=\sqrt{5}\mathrm{m/s}^2$，且知它与 OA 杆的夹角 $\theta=60°$，$OA=1\mathrm{m}$，则该瞬时杆的角加速度等于_____ $\mathrm{rad/s}^2$。（ ）

A. $\dfrac{\sqrt{5}}{2}$ B. $\sqrt{5}$

C. $\dfrac{\sqrt{15}}{2}$ D. $\sqrt{15}$

5.5.13 如图 5-11 所示凸轮机构,凸轮以等角速度 ω 绕通过 O 点且垂直于图示平面的轴转动,从而推动杆 AB 运动。已知偏心圆弧凸轮的偏心距 $OC=e$,凸轮的半径为 r,动系固结在凸轮上,静系固结在地球上,则在图示位置($OC \perp AC$)杆 AB 上的 A 点牵连速度的大小等于_____。 ( )

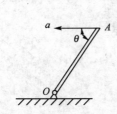
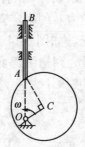

图 5-10 题 5.5.12 图   图 5-11 题 5.5.13 图

A. $r\omega$
B. $e\omega$
C. $\sqrt{e^2+r^2}\,\omega$
D. 0

5.5.14 如图 5-12 所示,杆 OB 以 $\omega=2\text{rad/s}$ 的匀角速度绕 O 转动,并带动杆 AD;杆 AD 上的 A 点沿水平轴 Ox 运动,C 点沿铅垂轴 Oy 运动。已知 $AB=OB=BC=DC=12\text{cm}$,求当 $\varphi=45°$ 时杆上 D 点的速度大小为_____。 ( )

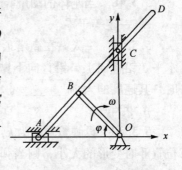

图 5-12 题 5.5.14 图

A. 53.67cm/s B. 24cm/s
C. 12cm/s   D. 33.94cm/s

5.5.15 如图 5-13 所示,圆轮在固定水平面上无滑动地滚动,已知轮心的速度为 v_o 加速度为 a_o,则在图示瞬时轮缘上最高点 A 的切向加速度 a_A^τ 的大小是_____。 ( )

A. $a_A^\tau = a_o$

93

B. $a_A^\tau = \sqrt{2}a_o$

C. $a_A^\tau = 2a_o$

D. $a_A^\tau = a_o + v_o^2/r$

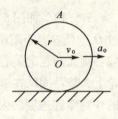

图 5-13 题 5.5.15 图

5.5.16 质量均为 m 的物体 A 和 B 系于刚性系数为 k 的弹簧两端,用细绳连接于倾角为 φ 的固定光滑斜面上的 O 点,使其静止,如图 5-14 所示。不计细绳和弹簧质量,则把细绳剪断的瞬时,物体 A 的加速度大小为_____。( )

A. 0 B. $\dfrac{g}{2}\sin\varphi$

C. $g\sin\varphi$ D. $2g\sin\varphi$

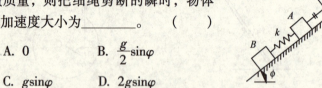

图 5-14 题 5.5.16 图

5.5.17 当刚体的动能等于零时,动量_____。( )

A. 不一定等于零 B. 一定等于零

5.5.18 当刚体的动量等于零时,动能_____。( )

A. 一定等于零 B. 不一定等于零

5.5.19 一人站在高塔顶上,以大小相同的初速 v_0 分别沿水平、铅直向上、铅直向下抛出小球,当这三个小球落到地面时,其速度的大小_____。( )

A. 相等 B. 不相等

5.5.20 设弹簧常数为 k,δ_1、δ_2 分别表示弹簧在位置Ⅰ和位置Ⅱ时变形的大小,则当弹簧从位置Ⅰ运动到位置Ⅱ时,弹性力的功为_____。( )

A. $\dfrac{1}{2}k\delta_1^2 - \dfrac{1}{2}k\delta_2^2$

B. $\dfrac{1}{2}k(\delta_1 - \delta_2)^2$

C. $\dfrac{1}{2}k(\delta_1^2 - \delta_2^2)$

5.5.21 平面机构在如图5-15所示位置时,AB杆水平,BC杆铅直。此时滑块 A 的速度 $v_A \neq 0$,但加速度 $a_A = 0$。此时杆 AB 的角速度与角加速度为_____。 ( )

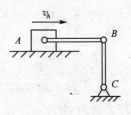

图5-15 题5.5.21图

A. $\omega_{AB} \neq 0$, $\varepsilon_{AB} = 0$
B. $\omega_{AB} = 0$, $\varepsilon_{AB} \neq 0$
C. $\omega_{AB} = 0$, $\varepsilon_{AB} = 0$
D. $\omega_{AB} \neq 0$, $\varepsilon \neq 0$

5.5.22 如图5-16所示,T形杆由两根相同的均质杆焊接而成。$OA = BD = l$,OA 段与 BD 段的质量均为 m。整个构件绕过 O 点的水平轴转动的角速度为 ω。此时构件对 O 轴的动量矩为_____。 ( )

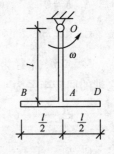

图5-16 题5.5.22图

A. $\dfrac{5}{4}ml^2\omega$ B. $\dfrac{17}{12}ml^2\omega$

C. $2ml^2\omega$

5.5.23 均质杆 AB 长 l。质量为 m,B 端沿水平地面向右运动的速度为 v_B,A 端沿铅直墙面下滑。则在图5-17所示位置杆 AB 的动能为_____。 ( )

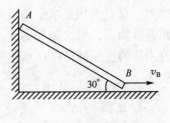

图5-17 题5.5.23图

A. $\dfrac{m}{2}v_B^2$

B. $\dfrac{m}{2}v_B^2 + \dfrac{1}{2}J_B\omega^2$(其中 ω 表示杆的角速度;J_B 表示杆对 B 端的转动惯量)

C. $\dfrac{2}{3}mv_B^2$

D. $\dfrac{m}{2}v_B^2 + \dfrac{m}{24}l^2\omega^2$

5.5.24 两根相同的均质杆，质量各为 m，在 C 端铰接。当 A、B、C 三点共线时，杆上各点的速度如图5-18所示。此时系统的动量为_____。 ( )

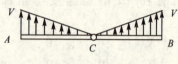

图 5-18 题 5.5.24 图

A. $K = 0$ B. $K = 2mv$

C. $K = mv$ D. $K = \dfrac{1}{2}mv$

5.5.25 半径为 R 的均质圆盘对通过其中心且垂直于盘面之轴的回转半径为_____。 ( )

A. $\dfrac{R}{2}$ B. $\dfrac{\sqrt{2}}{2}R$

C. R D. $\sqrt{2}R$

5.5.26 如图5-19所示，半径为 R、质量为 m 的均质圆盘绕通过其边缘上一点 O 的固定水平轴转动。设其角速度为 ω，角加速度为 ε，则其惯性力系的主矢量和对 O 点主矩大小分别为_____。 ( )

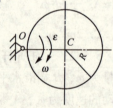

图 5-19 题 5.5.26 图

A. 0 和 $\dfrac{3}{2}mR^2\varepsilon$

B. $mR\sqrt{\varepsilon^2 + \omega^4}$ 和 0

C. $mR\sqrt{\varepsilon^2 + \omega^4}$ 和 $\dfrac{m}{2}R^2\varepsilon$

D. $mR\sqrt{\varepsilon^2 + \omega^4}$ 和 $\dfrac{3}{2}mR^2\varepsilon$

5.5.27 具有定常约束的质点系，_____。 （   ）
A. 其在无限小时间内的实位移是虚位移中的一个
B. 虚位移是实位移的一种
C. 其实位移不能取作虚位移

5.5.28 有一弹簧-振子系统，振子的质量为 m，弹簧常数为 k。若将此弹簧剪短一半后，再和原来的振子组成新的系统，则此新系统的固有频率为_____。 （   ）

A. $p = \sqrt{\dfrac{k}{2m}}$ 　　　　B. $p = \sqrt{\dfrac{k}{m}}$

C. $p = \sqrt{\dfrac{2k}{m}}$ 　　　　D. $p = \sqrt{\dfrac{4k}{m}}$

5.5.29 图 5-20 所示结构由 BC、AB、CE 三杆铰接而成，A 处为固定端，各杆重不计，铰 C 上作用一铅垂力 P，则二力杆为_____。 （   ）

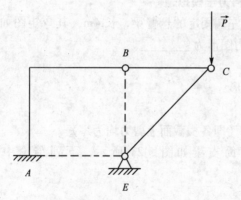

图 5-20 题 5.5.29 图

A. AB、BC、CE 　　　　B. BC、CE
C. AB 　　　　　　　　　　D. 三根杆均不是二力杆

5.5.30 如图 5-21 所示，设车轮作无滑动的滚动，角速度 ω，角加速度 ε，O 点的加速度 a_0 及半径 R 均为已知，由此可求

得 A 点的加速度 a_A 在 y 轴上的投影为_____。   (   )

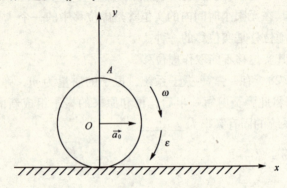

图 5-21 题 5.5.30 图

A. $a_{Ay} = 2R\varepsilon$ B. $a_{Ay} = -R\omega^2$
C. $a_{Ay} = -2R\omega^2$ D. $a_{Ay} = -2R\varepsilon$

(6) 材料力学模拟题

5.6.1 左端固定的悬臂梁，长 4m，其弯矩图如图 5-22 所示。梁的剪力图形为_____。   (   )

A. 矩形
B. 三角形
C. 梯形
D. 零线（即各横截面上剪力均为零）

5.6.2 简支梁如图 5-23 所示，下列结论中正确的是_____。   (   )

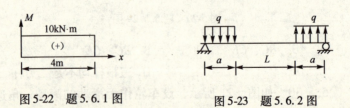

图 5-22 题 5.6.1 图   图 5-23 题 5.6.2 图

A. V 图和 M 图均为反对称，跨中截面上剪力为零
B. V 图和 M 图均为反对称，跨中截面上弯矩为零
C. V 图反对称，M 图对称，跨中截面上剪力为零
D. V 图对称，M 图反对称，跨中截面上弯矩为零

5.6.3 外伸梁如图 5-24 所示，下列结论中正确的是
_____。 （   ）

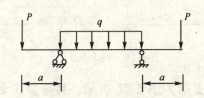

图 5-24　题 5.6.3 图

A. V 图对称，M 图对称，且跨中截面剪力为零
B. V 图对称，M 图反对称，且跨中截面弯矩为零
C. V 图反对称，M 图对称，且跨中截面剪力为零
D. V 图反对称，M 图反对称，且跨中截面弯矩为零

5.6.4 图 5-25 所示悬臂梁，其弯矩图形状正确的为
_____。 （   ）

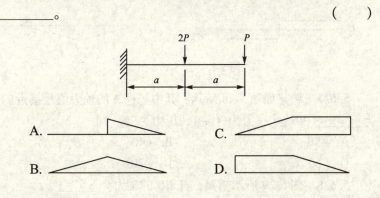

图 5-25　题 5.6.4 图

5.6.5 图 5-26 所示悬臂梁，其弯矩图形状正确的为
_____。 （   ）

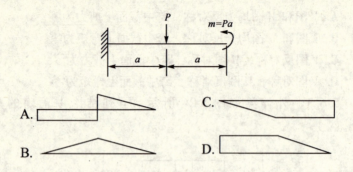

图 5-26　题 5.6.5 图

5.6.6　简支梁如图 5-27 所示，其弯矩图形状正确的为_____。　　　　　　　　　　　　　　　　（　　）

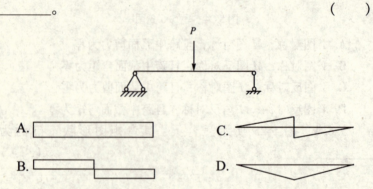

图 5-27　题 5.6.6 图

5.6.7　屋架如图 5-28 所示，其中与杆 A 的轴力值最接近的为_____kN。[拉力为（+），压力为（-）]　　（　　）

A. +50　　　　　　　　B. -40
C. -60　　　　　　　　D. +70

5.6.8　图 5-29 所示桁架，杆 BD 的轴力为_____。
　　　　　　　　　　　　　　　　　　　　（　　）

A. P　　　　　　　　　B. $-P$
C. $\sqrt{2}P$　　　　　　　D. $-\sqrt{2}P$

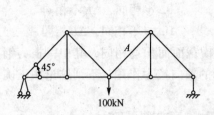
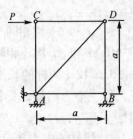

图 5-28　题 5.6.7 图　　　　图 5-29　题 5.6.8 图

5.6.9　图 5-30 所示桁架，中间竖杆和右侧外边斜杆的轴力分别为＿＿＿＿。　　　　　　　　　　　　　　　（　　）

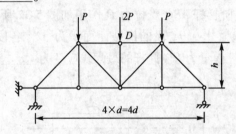

图 5-30　题 5.6.9 图

A. $2P$, $\sqrt{2}P$　　　　　　B. $-2P$, $\sqrt{2}P$
C. $-2P$, $-2\sqrt{2}P$　　　　D. $2P$, $2\sqrt{2}P$

5.6.10　变截面杆如图 5-31 所示，设 N_{AB} 和 N_{BC} 分别表示 AB 段和 BC 段的轴力，σ_{AB} 和 σ_{BC} 分别表示 AB 段和 BC 段横截面上的应力，则下列结论中正确的是＿＿＿＿。（　　）

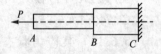

图 5-31　题 5.6.10 图

A. $N_{AB}=N_{BC}$, $\sigma_{AB}=\sigma_{BC}$　　B. $N_{AB}\neq N_{BC}$, $\sigma_{AB}\neq \sigma_{BC}$
C. $N_{AB}=N_{BC}$, $\sigma_{AB}\neq \sigma_{BC}$　　D. $N_{AB}\neq N_{BC}$, $\sigma_{AB}=\sigma_{BC}$

5.6.11　两等直杆的横截面面积为 A，长度 L 相同，两端所受的轴向拉力 P 也相同，但材料不同，则两杆的应力 σ 和伸长

ΔL _____。 ( )

A. σ 和 ΔL 均相同　　　B. σ 相同，ΔL 不相同

C. σ 和 ΔL 均不相同　　D. σ 不相同，ΔL 相同

5.6.12 两杆的长度和横截面面积均相同，其中一根为钢杆，另一根为铝杆，受相同的轴向拉力作用。下列结论中正确的是_____。 ( )

A. 铝杆的应力和钢杆相同，而变形大于钢杆

B. 铝杆的应力和钢杆相同，而变形小于钢杆

C. 铝杆的应力和变形都大于钢杆

D. 铝杆的应力和变形都小于钢杆

5.6.13 阶梯杆 ABC 受拉力 P 作用如图 5-32 所示，AB 段的横截面面积为 A_1，BC 段的横截面面积为 A_2，各段杆长均为 L，材料的弹性模量为 E。此杆的最大线应变为_____。

( )

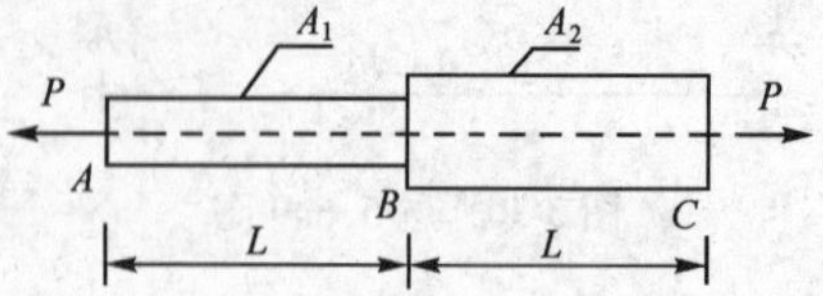

图 5-32　题 5.6.13 图

A. $P/EA_1 + P/EA_2$　　　B. $P/2EA_1 + P/2EA_2$

C. P/EA_1　　　　　　　D. P/EA_2

5.6.14 某应力状态如图 5-33 所示，求其主应力 σ_1、σ_2。_____。 ( )

A. $\sigma_1 = 400$，$\sigma_2 = 200$

B. $\sigma_1 = 400$，$\sigma_2 = 300$

C. $\sigma_1 = 400$，$\sigma_2 = 50$

D. $\sigma_1 = 400$，$\sigma_2 = 100$

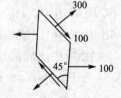

图 5-33　题 5.6.14 图

5.6.15 在图 5-34 所示四种应力状态中,哪些应力状态的应力圆具有相同的圆心位置和相同的半径?_____。( )

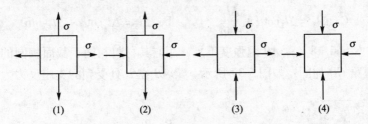

图 5-34 题 5.6.15 图

A. (1) 与 (4)
B. (2) 与 (3)
C. (1) 与 (4) 及 (2) 与 (3)
D. (1) 与 (2) 及 (3) 与 (4)

5.6.16 图 5-35 所示桁架受集中力 P 作用,各杆的弹性模量为 E,横截面积为 A,则桁架的变形能 U 为_____。
( )

A. $\left(\dfrac{3}{2}+2\sqrt{2}\right)\dfrac{P^2 a}{EA}$ B. $\left(3+\dfrac{\sqrt{2}}{2}\right)\dfrac{P^2 a}{EA}$

C. $\left(\dfrac{3}{2}+\sqrt{2}\right)\dfrac{P^2 a}{EA}$ D. $(3+\sqrt{2})\dfrac{P^2 a}{EA}$

5.6.17 设图 5-36 所示结构中 Δl_2、Δl_3 分别表示杆②、③的伸长,Δl_1 表示杆①的缩短,则 Δl_3 与 Δl_1、Δl_2 的关系式为_____。( )

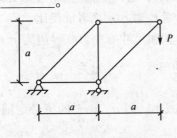 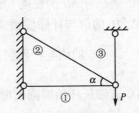

图 5-35 题 5.6.16 图   图 5-36 题 5.6.17 图

A. $\Delta l_3 = \Delta l_1 \tan\alpha + \dfrac{\Delta l_2}{\sin\alpha}$　　B. $\Delta l_3 = \Delta l_1 \tan\alpha + \dfrac{\Delta l_2}{\cos\alpha}$

C. $\Delta l_3 = \Delta l_1 \cot\alpha + \dfrac{\Delta l_2}{\sin\alpha}$　　D. $\Delta l_3 = \Delta l_1 \cot\alpha + \Delta l_2 \sin\alpha$

5.6.18　梁 AB 因强度不足，用与其材料相同、截面相同的短梁 CD 加固，如图 5-37 所示。梁 AB 在 D 处受到的支座反力为_____。　　　　　　　　　　　　　　　　（　　）

A. $\dfrac{5P}{4}$　　　　　　　　B. P

C. $\dfrac{3P}{4}$　　　　　　　　D. $\dfrac{P}{2}$

5.6.19　细长杆 AB 受轴向压力 P 作用，如图 5-38 所示。设杆的临界力为 P_{cr}，临界应力为 σ_{cr}，则下列结论中_____是正确的。　　　　　　　　　　　　　　　　　（　　）

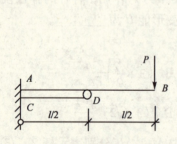

图 5-37　题 5.6.18 图　　　图 5-38　题 5.6.19 图

A. 若压杆 AB 的抗弯刚度 EI_{min} 增大，则 P_{cr} 也随之成正比增大
B. 若压杆 AB 的长度 l 增大，则 P_{cr} 减小，两者成反比
C. P_{cr} 的值与杆件横截面的形状和尺寸有关，临界应力 $\sigma_{cr} = \dfrac{\pi^2 E}{\lambda^2}$ 的值与杆件横截面的形状、尺寸无关

D. 若细长杆的横截面面积 A 减小，则 $\sigma_{cr} = \dfrac{P_{cr}}{A}$ 的值必定随之增大

5.6.20 压杆下端固定，上端与水平弹簧相连，如图 5-39 所示。试判断该杆长度系数 μ 值范围。答：_____。（   ）
A. $\mu > 2$ B. $\mu < 0.5$
C. $0.5 < \mu < 0.7$ D. $0.7 < \mu < 2$

5.6.21 如图 5-40 所示刚架的 $|N|_{max}$、$|V|_{max}$、$|M|_{max}$ 分别为_____。（   ）

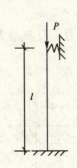
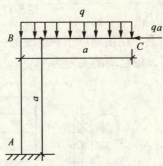

图 5-39 题 5.6.20 图　　图 5-40 题 5.6.21 图

A. $|N|_{max} = qa$，$|V|_{max} = qa$，$|M|_{max} = qa^2$

B. $|N|_{max} = qa$，$|V|_{max} = qa$，$|M|_{max} = \dfrac{qa^2}{2}$

C. $|N|_{max} = qa$，$|V|_{max} = \dfrac{qa}{2}$，$|M|_{max} = qa^2$

D. $|N|_{max} = \dfrac{qa}{2}$，$|V|_{max} = qa$，$|M|_{max} = \dfrac{qa^2}{2}$

5.6.22 一矩形截面外伸木梁如图 5-41 所示。设截面的高与宽之比为 $\dfrac{h}{b} = 2$，木材的许用弯曲正应力 $[\sigma] = 10\text{MPa}$，许用剪应力 $[\tau] = 2\text{MPa}$，该梁横截面尺寸 b 和 h 应分别为_____。（   ）
A. $b = 80\text{mm}$，$h = 160\text{mm}$ B. $b = 252\text{mm}$，$h = 504\text{mm}$
C. $b = 126\text{mm}$，$h = 252\text{mm}$ D. $b = 63\text{mm}$，$h = 125\text{mm}$

5.6.23 如图 5-42 所示，悬臂梁距离自由端为 0.72m 的截

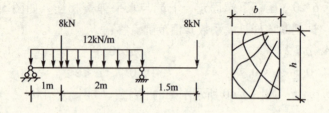

图 5-41　题 5.6.22 图

面上，在顶面以下 40mm 的一点处的主应力，及其最大主应力与 x 轴之间的夹角为＿＿＿＿。　　　　　　　　　　　　（　　）

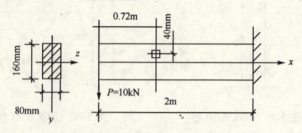

图 5-42　题 5.6.23 图

A. $\sigma_1 = 0.06\text{MPa}$, $\sigma_3 = -10.66\text{MPa}$, $\alpha_0 = -4.73°$
B. $\sigma_1 = 5.33\text{MPa}$, $\sigma_2 = 4.27\text{MPa}$, $\alpha_0 = -4.73°$
C. $\sigma_1 = 13.87\text{MPa}$, $\sigma_3 = -4.27\text{MPa}$, $\alpha_0 = 4.73°$
D. $\sigma_1 = 10.66\text{MPa}$, $\sigma_3 = -0.06\text{MPa}$, $\alpha_0 = 4.73°$

5.6.24　如图 5-43 所示，一直径 $d = 20\text{mm}$ 的圆轴，两端受扭转力偶矩 M_0 的作用。设由实验测得其表面与轴线成 45° 方向的线应变 $\varepsilon = 52 \times 10^{-5}$。已知材料的弹性常数 $E = 200\text{MPa}$，$\mu = 0.3$。M_0 其值应为＿＿＿＿。　　　　　　　（　　）

A. $M_0 = 62.8\text{N} \cdot \text{m}$　　　　　B. $M_0 = 125.7\text{N} \cdot \text{m}$
C. $M_0 = 251.4\text{N} \cdot \text{m}$　　　　D. $M_0 = 31.4\text{N} \cdot \text{m}$

5.6.25　用迭加法求如图 5-44 所示梁的 y_C。$y_C = $＿＿＿＿。

（　　）

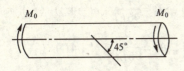

图 5-43 题 5.6.24 图

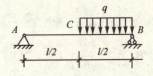

图 5-44 题 5.6.25 图

A. $\dfrac{5ql^4}{384EI}$

B. $\dfrac{11ql^4}{384EI}$

C. $\dfrac{5ql^4}{768EI}$

D. $\dfrac{11ql^4}{768EI}$

5.6.26 如图 5-45 所示砖砌烟囱高 $H=30\mathrm{m}$，底截面 Ⅰ—Ⅰ 的外径 $d_1=3\mathrm{m}$，内径 $d_2=2\mathrm{m}$，自重 $G_1=2000\mathrm{kN}$，受 $q=1\mathrm{kN/m}$ 的风力作用。试求：（1）烟囱底截面上的最大压应力 $\sigma_{c\,max}$；（2）若烟囱的基础埋深 $h=4\mathrm{m}$，基础及填土自得按 $G_2=1000\mathrm{kN}$ 计算。土的许用压应力 $[\sigma]=0.3\mathrm{MPa}$，圆形基础的直径 D 应为多大？_____。（ ）

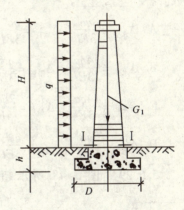

图 5-45 题 5.6.26 图

A. $\sigma_{c\,max}=0.72\mathrm{MPa}$，$D=4.15\mathrm{m}$
B. $\sigma_{c\,max}=0.72\mathrm{MPa}$，$D=2.08\mathrm{m}$
C. $\sigma_{c\,max}=1.44\mathrm{MPa}$，$D=3.26\mathrm{m}$
D. $\sigma_{c\,max}=1.44\mathrm{MPa}$，$D=2.08\mathrm{m}$

5.6.27 用卡氏定理求图 5-46 所示刚架 A 截面的水平位移和 B 截面的转角，略去剪力和轴力的影响，且 EI 为已知。_____。（ ）

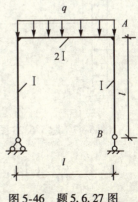

图 5-46 题 5.6.27 图

A. $\Delta_A = \dfrac{l^3}{96EI}(ql+24P)$ ($\rightarrow$), $\theta_B = \dfrac{l^2}{96EI}(ql+4P)$ ($\downarrow$)

B. $\Delta_A = \dfrac{l^3}{96EI}(ql+24P)$ ($\leftarrow$), $\theta_B = \dfrac{l^2}{96EI}(ql+4P)$ ($\searrow$)

C. $\Delta_A = \dfrac{l^3}{48EI}(ql+24P)$ ($\leftarrow$), $\theta_B = \dfrac{l^2}{48EI}(ql+4P)$ ($\searrow$)

D. $\Delta_A = \dfrac{l^3}{48EI}(ql+24P)$ ($\rightarrow$), $\theta_B = \dfrac{l^2}{48EI}(ql+4P)$ ($\downarrow$)

5.6.28 求图 5-47 所示刚架 D 点的位移,刚架的 EI 为常数。答:_____。   (   )

A. $\Delta_{水平}=\dfrac{8qa^4}{3EI}$ $\Delta_{垂直}=\dfrac{qa^4}{3EI}$

B. $\Delta_{水平}=\dfrac{14qa^4}{3EI}$ $\Delta_{垂直}=\dfrac{qa^4}{3EI}$

C. $\Delta_{水平}=\dfrac{14qa^4}{3EI}$ $\Delta_{垂直}=\dfrac{2qa^4}{3EI}$

D. $\Delta_{水平}=\dfrac{5qa^4}{3EI}$ $\Delta_{垂直}=\dfrac{qa^4}{3EI}$

5.6.29 图 5-48 所示超静定刚架中的 B 端支反力 = _____。   (   )

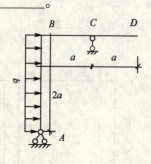
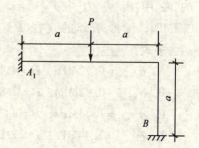

图 5-47 题 5.6.28 图   图 5-48 题 5.6.29 图

A. $X_1=\dfrac{5}{16}P$ ($\uparrow$), $X_2=\dfrac{P}{3}$ ($\leftarrow$), $X_3=\dfrac{Pa}{6}$ ($\downarrow$)

B. $X_1 = \dfrac{P}{3}$ (↑), $X_2 = \dfrac{5}{16}P$ (←), $X_3 = \dfrac{Pa}{6}$ (↙)

C. $X_1 = \dfrac{7}{16}P$ (↑), $X_2 = \dfrac{P}{4}$ (←), $X_3 = \dfrac{Pa}{12}$ (↙)

D. $X_1 = \dfrac{P}{4}$ (↑), $X_2 = \dfrac{7}{16}P$ (←), $X_3 = \dfrac{Pa}{12}$ (↙)

5.6.30 图 5-49 所示一简单托架,其撑杆 AB 为圆截面木杆,若架上受集度 q = 50kN/m 的均布荷载作用,AB 两端为柱形铰,材料的许用压应力为 [σ] = 11MPa,试求撑杆所需的直径 d _____。   (   )

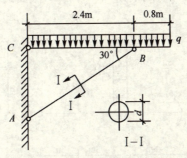

图 5-49 题 5.6.30 图

A. $d = 180$mm   B. $d = 150$mm
C. $d = 120$mm   D. $d = 90$mm

(7) 结构力学模拟题

5.7.1 图 5-50 所示体系的几何组成为_____。 (   )
A. 无多余约束的几何不变体系
B. 有多余约束的几何不变体系
C. 瞬变体系
D. 常变体系

5.7.2 图 5-51 所示体系的几何组成为_____。 (   )
A. 无多余约束的几何不变体系
B. 有多余约束的几何不变体系

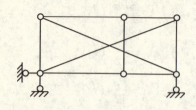
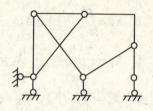

图 5-50 题 5.7.1 图　　　　图 5-51 题 5.7.2 图

C. 瞬变体系
D. 常变体系

5.7.3 图 5-52 所示刚架 DA 杆件 D 截面的弯矩 M_{DA} 之值为
————。　　　　　　　　　　　　　　　　　( )

图 5-52 题 5.7.3 图

A. $35kN \cdot m$（上拉）　　B. $62kN \cdot m$（上拉）
C. $40kN \cdot m$（下拉）　　D. $45kN \cdot m$（下拉）

5.7.4 图 5-53 所示刚架 DE 杆件 D 截面的弯矩 M_{DE} 之值为
————。　　　　　　　　　　　　　　　　　( )

A. qa^2（左拉）　　　　B. $2qa^2$（右拉）
C. $4qa^2$（左拉）　　　　D. $1.5qa^2$（右拉）

5.7.5 图 5-54 所示组合结构 CF 杆的轴力 N_{CF} 之值为
————。　　　　　　　　　　　　　　　　　( )

A. $\dfrac{-\sqrt{2}qa}{4}$　　　　B. $\dfrac{5qa}{4}$

C.   D. $4\sqrt{2}qa$

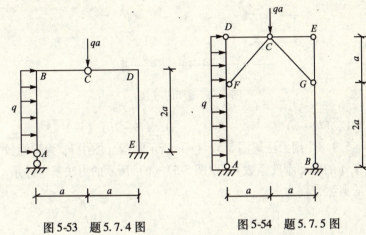

图 5-53　题 5.7.4 图　　　　图 5-54　题 5.7.5 图

5.7.6　图 5-55 所示结构 AB 杆件 A 截面的转角 θ_A 之值为_____。　　　　　　　　　　　　　　　　　（　　）

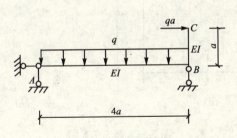

图 5-55　题 5.7.6 图

A. $\dfrac{qa^3}{2EI}$ (↷)　　　　　　B. $\dfrac{2qa^3}{EI}$ (↷)

C. $\dfrac{4qa^3}{EI}$ (↷)　　　　　　D. $\dfrac{1.5qa^3}{EI}$ (↷)

5.7.7　支座 A 产生图 5-56 中所示的位移，由此引起的节点 E 的水平位移 Δ_{EH} 之值为_____。　　　　　　　（　　）

A. $(l\theta - a)$ (→)　　　　　B. $(3l\theta + a)$ (→)

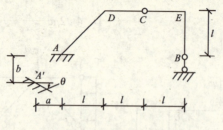

图 5-56 题 5.7.7 图

C. $(l\theta + a)$ ($\leftarrow$)   D. $(l\theta - 2b)$ ($\leftarrow$)

5.7.8 用力法解图 5-57（a）所示结构（图中 k_M 为弹性铰支座 A 的转动刚度系数），取图 5-57（b）所示的力法基本体系，力法典型方程为_____。 （　　）

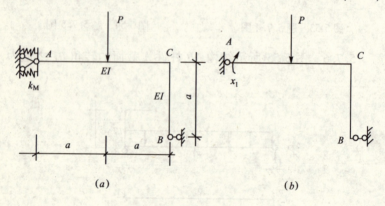

图 5-57 题 5.7.8 图

A. $\delta_{11}X_1 + \Delta_{1P} = 0$ B. $\delta_{11}X_1 + \Delta_{1P} = k_M X_1$

C. $\delta_{11}X_1 + \Delta_{1P} = \dfrac{X_1}{k_M}$ D. $\delta_{11}X_1 + \Delta_{1P} = -\dfrac{X_1}{k_M}$

5.7.9 如图 5-58 所示三铰刚架，$EI =$ 常数。铰 C 的竖向位移 $\Delta_{CV} =$ _____。 （　　）

A. $\dfrac{Pa^3}{EI} \downarrow$ B. $\dfrac{Pa^3}{2EI} \downarrow$

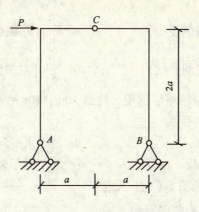

图 5-58 题 5.7.9 图

C. $\dfrac{Pa^3}{3EI}\downarrow$ D. 0

5.7.10 图 5-59 所示结构，其多余约束（又称多余联系）数目为_____。 （   ）

A. 0   B. 1
C. 2   D. 3

5.7.11 如图 5-60 所示刚架中，M_{DA} = _____。 （   ）

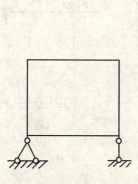

图 5-59 题 5.7.10 图

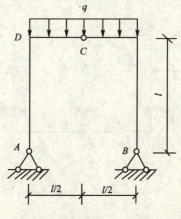

图 5-60 题 5.7.11 图

A. $\dfrac{ql^2}{4}$（右侧受拉）　　　　B. $\dfrac{ql^2}{4}$（左侧受拉）

C. $\dfrac{ql^2}{8}$（右侧受拉）　　　　D. $\dfrac{ql^2}{8}$（左侧受拉）

5.7.12　单跨单层排架，柱高 10m，10t 吊车。设计时，控制柱子配筋的外因为_____。　　　　　　　　　　（　　）

　A. 风荷载　　　　　　　　B. 吊车水平刹车力
　C. 检修荷载　　　　　　　D. 施工时吊装荷载

5.7.13　如图 5-61 所示桁架中，杆 a、b 轴力状况为_____。（　　）

A. $N_a \neq 0$，$N_b \neq 0$
B. $N_a \neq 0$，$N_b = 0$
C. $N_a = 0$，$N_b \neq 0$
D. $N_a = 0$，$N_b = 0$

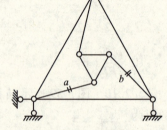

图 5-61　题 5.7.13 图

5.7.14　已知图 5-62 中各杆 EI 均相同，图 5-62(b) 结构的分配系数均为 0.5，则图 5-62(a) 结构的杆端弯矩为_____。　　　　　　　　　　（　　）

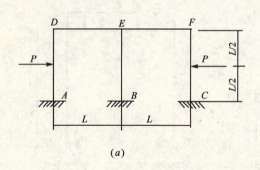 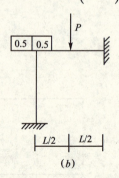

图 5-62　题 5.7.14 图

A. $M_{DE} = -\dfrac{pl}{24}$，$M_{AD} = -\dfrac{3}{16}pl$

B. $M_{DE} = -\frac{pl}{16}$, $M_{AD} = -\frac{5}{32}pl$

C. $M_{DE} = \frac{pl}{16}$, $M_{AD} = \frac{5}{32}pl$

D. $M_{DE} = \frac{pl}{24}$, $M_{AD} = \frac{3}{16}pl$

5.7.15 结构在动力荷载作用下，与其动内力和动位移有关的因素为_____。 （ ）

A. 动力荷载　　　　　B. 结构的自振频率
C. 阻尼　　　　　　　D. A、B、C 三者

5.7.16 图 5-63 所示体系，其动力自由度数目为_____。
　　　　　　　　　（ ）

A. 2　　　　　B. 3
C. 4　　　　　D. 5

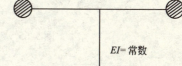

图 5-63　题 5.7.16 图

5.7.17 图 5-64（a）、（b）、（c）、（d）所示四种梁，其自振频率依次用 ω_a、ω_b、ω_c、ω_d 表示，按由小到大顺序排列应为_____。 （ ）

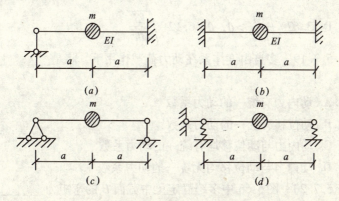

图 5-64　题 5.7.17 图

A. ω_b、ω_a、ω_c、ω_d　　　B. ω_a、ω_b、ω_c、ω_d

C. ω_d、ω_c、ω_b、ω_a　　　D. ω_d、ω_c、ω_a、ω_b

5.7.18　图 5-65 所示刚架，在动力荷载作用下要避免共振，则 θ 范围应为＿＿＿＿。　　　　　　　　　　　　　（　　）

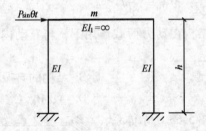

图 5-65　题 5.7.18 图

A. $3.67\sqrt{\dfrac{EI}{mh^3}} > \theta,\ \theta > 6.12\sqrt{\dfrac{EI}{mh^3}}$

B. $3.67\sqrt{\dfrac{EI}{mh^3}} = \theta,\ \theta > 6.12\sqrt{\dfrac{EI}{mh^3}}$

C. $3.67\sqrt{\dfrac{EI}{mh^3}} < \theta,\ \theta < 6.12\sqrt{\dfrac{EI}{mh^3}}$

D. $3.67\sqrt{\dfrac{EI}{mh^3}} > \theta,\ \theta = 6.12\sqrt{\dfrac{EI}{mh^3}}$

5.7.19　多自由度体系在动力荷载作用下，将是＿＿＿＿。　　　　　　　　　　　　　　　　　　　　　　　　　（　　）

A. 动内力有统一的动力系数

B. 动位移有统一的动力系数

C. 动内力与动位移均有统一的动力系数

D. 动内力与动位移均无统一的动力系数

5.7.20　图 5-66 中多跨静定梁中截面 B 的弯矩为＿＿＿＿。　　　　　　　　　　　　　　　　　　　　　　　（　　）

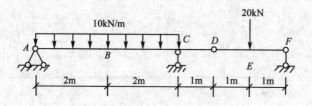

图 5-66 题 5.7.20 图

A. 5kN·m（下侧受拉）
B. 15kN·m（下侧受拉）
C. 20kN·m（下侧受拉）
D. 30kN·m（下侧受拉）

5.7.21 图 5-67 所示三铰刚架中，AD 杆的 D 端截面的弯矩 $M_{DA}=$ _____ 。 （ ）

A. $0.5ql^2$（右侧受拉）
B. $0.5ql^2$（左侧受拉）
C. $0.25ql^2$（右侧受拉）
D. $0.25ql^2$（左侧受拉）

5.7.22 图 5-68 所示桁架，欲通过改变各下弦杆的长度 Δl，致使节点 C 沿竖向上升 4cm，则 Δl 应为_____。 （ ）

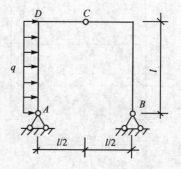

图 5-67 题 5.7.21 图

A. 1cm（伸长） B. 1cm（缩短）
C. 2cm（伸长） D. 2cm（缩短）

5.7.23 图 5-69（a）所示刚架，$EI=2.1\times10^4\text{kN·m}^2$。其 M 图如图 5-69（b）所示，节点 F 的水平位移 $\Delta_{FH}=$ _____。
（ ）

A. 0.8cm（向右） B. 1.6cm（向右）
C. 3.2cm（向右） D. 6.4cm（向右）

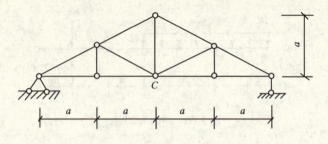

图 5-68 题 5.7.22 图

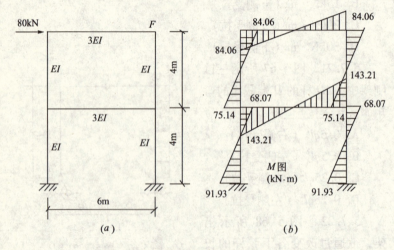

图 5-69 题 5.7.23 图

5.7.24 图 5-70 所示刚架，当采用力法进行计算时，选取使计算最简便的基本结构应为_____。（　　）

A. 去掉铰 C 的两个约束
B. 将 A、B 两支座改为固定铰支座
C. 将 A 支座改为活动铰支座
D. 将 B 支座改为活动铰支座

5.7.25 图 5-71 所示刚架，A 支座的反力矩 $M_A =$ _____。（　　）

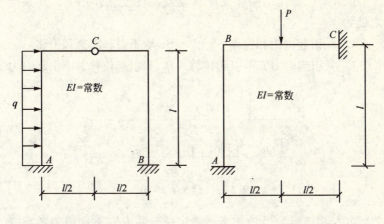

图 5-70 题 5.7.24 图 　　　　图 5-71 题 5.7.25 图

A. $\dfrac{Pl}{16}$（顺时针方向）　　B. $\dfrac{Pl}{16}$（逆时针方向）

C. $\dfrac{Pl}{32}$（顺时针方向）　　D. $\dfrac{Pl}{32}$（逆时针方向）

5.7.26　图 5-72 所示两个自由度体系，EI = 常数，其自振频率中，ω_1 = _____。　　　　　　　　　（　　）

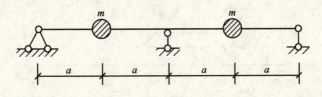

图 5-72 题 5.7.26 图

A. $\sqrt{\dfrac{6EI}{ma^3}}$ 　　　　B. $\sqrt{\dfrac{96EI}{7ma^3}}$

C. $\sqrt{\dfrac{48EI}{ma^3}}$ 　　　　D. $\sqrt{\dfrac{768EI}{7ma^3}}$

5.7.27 静定结构在支座移动或温度变化作用下,其共同之处为_____。　　　　　　　　　　　( )

A. 均引起内力和位移　　B. 均不引起内力和位移
C. 只引起内力,不引起位移　D. 只引起位移,不引起内力

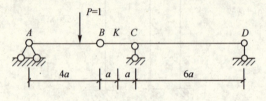

图 5-73　题 5.7.28 图

5.7.28 图 5-73 所示多跨静定梁,其 C 左截面剪力影响线中 K 处竖标为_____。　　　　　　　　( )

A. $-\dfrac{1}{6}$　　B. $+\dfrac{1}{6}$　　C. -1　　D. $+1$

5.7.29 图 5-74 所示简支梁,受图示汽车荷载作用,其截面 C 的最小剪力为_____。　　　　　　( )

A. $-\dfrac{5}{3}$kN　B. $-\dfrac{10}{3}$kN　C. $-\dfrac{15}{3}$kN　D. $+\dfrac{5}{3}$kN

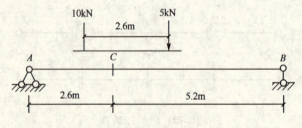

图 5-74　题 5.7.29 图

5.7.30 图 5-75 (a) 所示桁架,图 5-75 (b) 所示的影响线为该桁架的_____。　　　　　　　　　( )

A. N_a 影响线　　　　　B. N_b 影响线
C. N_c 影响线　　　　　D. N_d 影响线

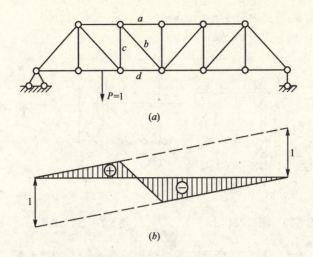

图 5-75 题 5.7.30 图

(8) 流体力学模拟题

5.8.1 牛顿内摩擦定律中的摩擦力的大小与流体的 _____ 成正比。

A. 速度 B. 角变形
C. 角变形速度 D. 压力

5.8.2 静止流体中的切应力 τ 等于 _____ 。（   ）

A. $\mu \dfrac{du}{dy}$ B. 0

C. $\rho l^2 \left(\dfrac{du}{dy}\right)^2$ D. $\mu \dfrac{du}{dy} + \rho l^2 \left(\dfrac{du}{dy}\right)^2$

5.8.3 绝对压强 p_{abs} 与相对压强 p，真空度 p_v，当地大气压 p_a 之间的关系是：_____ 。（   ）

A. $p_{abs} = p + p_v$ B. $p = p_{abs} + p_a$
C. $p_v = p_a - p_{abs}$ D. $p = p_v + p_a$

5.8.4 由图 5-76 中可知：_____ 。（   ）

A. $p_A - p_B = \rho_{水} g(h_A - h_B) + (\rho_{水} - \rho') g \Delta h$

B. $p_A - p_B = \rho_{水} g(h_B - h_A) + (\rho_{水} - \rho') g \Delta h$

C. $p_A - p_B = (\rho_水 - \rho')g\Delta h$

D. $p_A - p_B = \rho' g \Delta h$

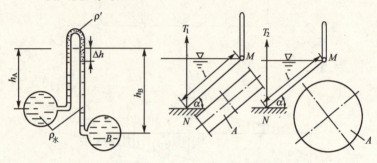

图 5-76 题 5.8.4 图 　　　图 5-77 题 5.8.5 图

5.8.5 图 5-77 所示有两个单面承受水压力的挡水板，M 处的铰可转动，挡水板为矩形，另外一块为圆形，两板面积相等均为 A，设两挡水板重量相同为 G，其开启挡水板的拉力：_____。（　　）

A. $T_1 = T_2$ 　　　　　　　B. $T_1 > T_2$

C. $T_1 < T_2$ 　　　　　　　D. 以上都不是

（提示：圆板的惯性矩 $I_c = \dfrac{\pi}{64}l^4$）

5.8.6 水的饱和蒸汽压强 $p_s = 1.7 \text{kPa}$，大气压强取 $p_a = 98\text{kPa}$，则水中可能达到的最大真空度为_____。（　　）

A. 10m 水柱 　　　　　　　B. 9.83m 水柱

C. 9m 水柱 　　　　　　　　D. 9.8m 水柱

5.8.7 理想液体的概念是指_____。（　　）

A. 不可压缩的液体模型

B. 没有黏滞性的液体模型

C. 可不计表面张力的液体

D. 质量分布均匀的均质液体

5.8.8 水力学中"水头"一词的定义是_____。（　　）

A. 水的源头 B. 上下游水位差
C. 对高度的习惯称呼 D. 水位

5.8.9 浸没于水中的建筑物，若部分基础底面与不透水岩基结合不良出现裂缝面时，设此建筑物浸没于水中的体积为 V，以裂缝面为底的压力体体积为 V_K，水的重度为 γ，则此建筑物所受铅垂方向水压力为_____。 （ ）

A. γV　　B. γV_K　　C. $\gamma V + \gamma V_K$　　D. $\gamma V - \gamma V_K$

5.8.10 压力表测定的压强是_____。 （ ）

A. 实际压强

B. 绝对压强

C. 相对压强

D. 相对压强与大气压强的总和

5.8.11 有一变截面压力管道，测得流量 $Q=10\text{L/s}$，其中一截面的管径 $d=100\text{mm}$，另一截面处的流速 $v_0=20.3\text{m/s}$，此截面的管径 d_0 为_____。 （ ）

A. $d_0=30\text{mm}$ B. $d_0=25\text{mm}$
C. $d_0=28\text{mm}$ D. $d_0=20\text{mm}$

5.8.12 水力最佳断面的意义是_____。 （ ）

A. 土方量最小的断面

B. 过水能力最大的断面形状

C. 湿周最小的过水断面形状

D. 过水面积最小断面

5.8.13 如图 5-78 所示为一封闭的薄壁圆筒，沉没在水深 2m 处，圆筒长 l_m（垂直于纸面），直径 1m，筒内一半有水，表面为大气压，则圆筒所受到力 P_Z 的大小：_____。 （ ）

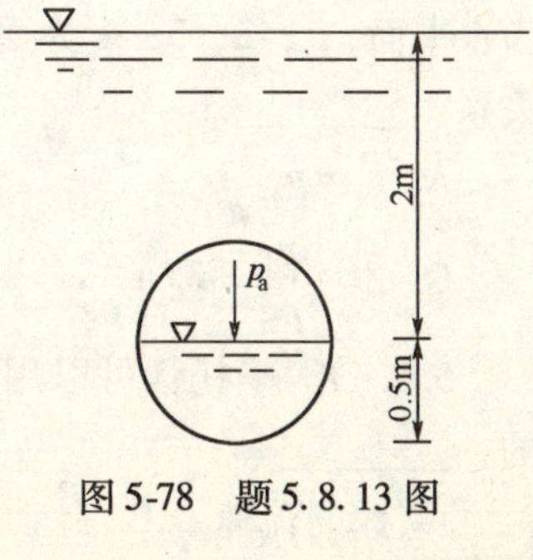

A. $P_Z = \rho g (\pi \times 0.5^2) l$，方

图 5-78 题 5.8.13 图

向向下

B. $P_z = \rho g (\pi \times 0.5^2) l$,方向向上

C. $P_z = \frac{1}{2}\rho g (\pi \times 0.5^2) l$,方向向下

D. $P_z = \frac{1}{2}\rho g (\pi \times 0.5^2) l$,方向向上

5.8.14 由流体流动分类可知:_____。 ( )
A. 层流中流线是平行直线　　B. 恒定流中流速沿流不变
C. 急变流必是非恒定流　　　D. 渐变流可以是恒定流

5.8.15 图5-79中所示水箱水面不变,则水在渐扩管 AB 中的流动应是:_____。 ( )
A. 非恒定的均匀流　　　　B. 恒定的非均匀流
C. 非恒定的非均匀流　　　D. 以上都不是

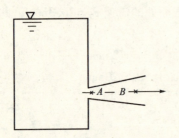

图5-79 题5.8.15图　　图5-80 题5.8.16图

5.8.16 图5-80所示一等直径水管,AA 为过流断面,BB 为水平面,1,2,3,4为面上各点,各点的运动物理量有以下关系:_____。 ( )

A. $p_1 = p_2$　　　　　　　　B. $p_3 = p_4$

C. $Z_1 + \dfrac{p_1}{\rho g} = Z_2 + \dfrac{p_2}{\rho g}$　　　D. $Z_3 + \dfrac{p_3}{\rho g} = Z_4 + \dfrac{p_4}{\rho g}$

5.8.17 毕托管可以用来测量管道内或河道、明渠中某点的:_____。 ( )
A. 瞬时流速　B. 脉动流速　C. 时均流速　D. 脉动压强

5.8.18 边界层分离现象的后果是_____。 （   ）
A. 减小了液流与边壁的摩擦力
B. 增大了液流与边壁的压力
C. 增加了潜体运动的压差阻力
D. 增大了液流的紊乱性

5.8.19 减小绕流阻力的物体形状应为_____。 （   ）
A. 流线形   B. 圆形   C. 三角形   D. 锥形

5.8.20 渗流达西定律适用于_____。 （   ）
A. 地下水的渗流   B. 地下水的层流渗流
C. 均质土壤的层流渗流   D. 沙质土壤的渗流

5.8.21 地下水中的浸润线是_____。 （   ）
A. 地下水的流线
B. 地下水运动的迹线
C. 无压地下水的自由水面线
D. 土壤中干土与湿土的界线

5.8.22 潜水井是指_____。 （   ）
A. 全部浸没于地下水中的井
B. 从有自由表面潜水含水层中开凿的井
C. 井底直达不透水层的井
D. 从深层不透水层中开凿的井

5.8.23 模型设计中重力相似与阻力相似矛盾不再存在，并可只按重力相似准则选取几何比尺的水流条件是_____。
（   ）
A. 水流为紊流状态
B. 水流处于阻力平方区
C. 物体是流线型体，或绕流阻力极小
D. 水流为层流状态

5.8.24 量纲的意义是指_____。 （   ）
A. 物理量的单位

125

B. 物理量性质类别的标志

C. 物理量大小的区别

D. 长度、时间、质量三者的性质标志

5.8.25 量纲一致性原则是_____。　　　　　（　　）

A. 不同性的物理量不能作相加运算

B. 不同性质的量不能作相加运算，但可作相乘运算

C. 物理方程各项量纲必须一致

D. 量纲的运算原则

5.8.26 如图5-81所示，设套筒内径$D=12cm$，活塞外径$d=11.96cm$，活塞长$l=14cm$，润滑油的动力黏度$\mu=0.172Pa\cdot s$，活塞作匀速直线往复运动，其速度$v=1m/s$，则对活塞的牵引力F至少应有_____。　　　　　　　　　　（　　）

A. 45.2N　　B. 50.3N　　C. 38.4N　　D. 60N

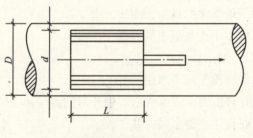

图5-81　题5.8.26图

5.8.27 如图5-82所示压差计，A、B两点的高程为Z_A，Z_B，管中为水，测压管中的液体为水银，$\Delta h_p=20cm$，则A、B两点的压差为_____。　　　　　　　　　　（　　）

A. 2.52m 水柱　　　　　　B. 2.2m 水柱

C. 1.96m 水柱　　　　　　D. 26.656m 水柱

5.8.28 如图5-83所示的平面闸门，门高$h=2m$，宽$b=1.5m$，门顶距水面$a=1m$，作用于此闸门上的静水总压力为_____。　　　　　　　　　　（　　）

A. 58.8kN　　B. 70kN　　C. 65.5kN　　D. 68.8kN

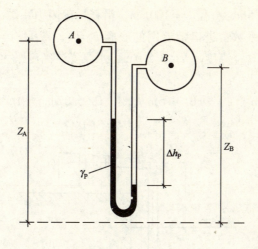

图 5-82 题 5.8.27 图

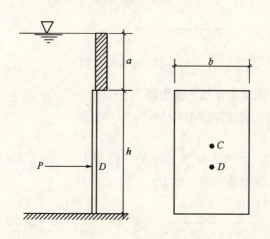

图 5-83 题 5.8.28 图

5.8.29 钢管直径 $D=1$m，管内水的压强为 500m 水柱，设钢的许用应力 $[\sigma]=150$MPa，则应有管壁厚度为_____。
( )
A. 2.50cm B. 1.63cm C. 2.45cm D. 1.46cm

5.8.30 如图 5-84 所示，离心泵抽水量 $Q=8.1$L/s，吸水

管长 $l=7.5$m，直径 $D=100$mm，沿程局部阻力系数 $\lambda=0.045$，局部阻力系数：进口带滤网的底阀 $\zeta_1=7$，弯头 $\zeta_2=0.25$，允许吸水的真空高度 $[h_v]=5.7$m，水泵安装高度最大值 H_s 为_____。 (   )

A. 6m B. 4.5m C. 5.07m D. 5.5m

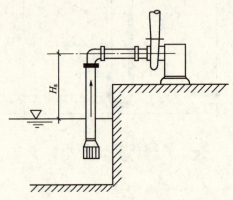

图 5-84 题 5.8.30 图

(9) 电工电子技术模拟题

5.9.1 电路如图 5-85 所示，其中电流 $I=$_____。(   )
A. 3A B. 5A C. -3A D. 7A

5.9.2 如图 5-86 所示电路，已知 $U_s=10$V，$R=6\Omega$，$I_s=1$A，则电流源两端的电压 $U=$_____。 (   )
A. 16V B. 4V C. -4V D. -16V

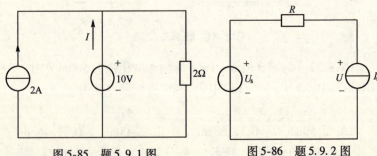

图 5-85 题 5.9.1 图   图 5-86 题 5.9.2 图

5.9.3 电路如图 5-87 所示。已知流过 R_1 的电流 $I_1 = 2\text{A}$,若恒压源单独作用时流过 R_1 的电流 $I_1' = 1\text{A}$,则恒流源单独作用时流过 R_1 的电流 I_1'' 为_____。 ( )

A. 3A B. 1A C. -3A D. -1A

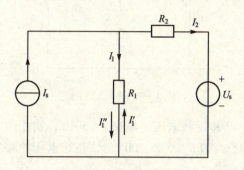

图 5-87 题 5.9.3 图

5.9.4 电路如图 5-88（a）所示,其戴维南等效电路如图 5-88（b）所示,则等效内阻 $R_0 = $_____。 ( )

A. $R_1 + R_2$ B. R_2

C. R_1 D. $\dfrac{R_1 \cdot R_2}{R_1 + R_2}$

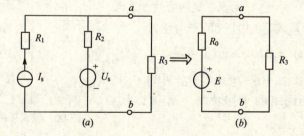

图 5-88 题 5.9.4 图

5.9.5 电路如图 5-89 所示,已知交流电压表 V_1 的读数为 3V,V_2 的读数为 4V,则电压表 V 的读数为_____。 ( )

A. 1V B. 7V C. 5V D. -1V

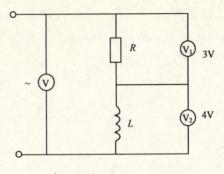

图 5-89 题 5.9.5 图

5.9.6 已知正弦电压的频率 $f=50\text{Hz}$,初相位角 $\psi=30°$,在 $t=0$ 时的瞬时值 $u(0)=100\text{V}$,该正弦电压的瞬时值表达式可写为_____。 ( )

A. $100\sin(50t+30°)$ V B. $141.4\sin(50\pi t)$ V

C. $200\sin(100\pi t+30°)$ V D. $200\sin(50\pi t+30°)$ V

5.9.7 有一台三相电阻炉,每相电阻丝的额定电压均为 220V,当电源线电压为 380V 时,此电炉应接成_____形。
( )

A. Y B. △ C. Y_0 D. Y 或 △

5.9.8 已知无源二端网络(图 5-90 所示)输入端的电压和电流分别为:

$u(t)=220\sqrt{2}\sin(314t+20°)\text{V}$

$i(t)=4.4\sqrt{2}\sin(314t-40°)\text{V}$

则网络的平均功率(有功功率)为_____。 ( )

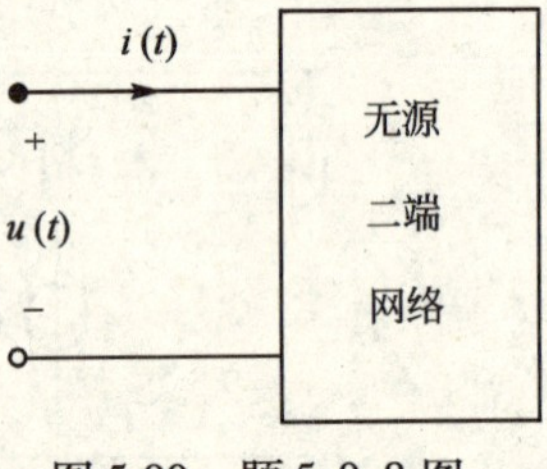

图 5-90 题 5.9.8 图

A. 484W B. 968W C. 838W D. 1677W

5.9.9 具有储能元件的电路中,当电路换路后,输入激励不作用,仅由电路的初始储能所引起的响应,称为_____。
( )

A. 零状态响应 B. 完全响应

C. 零输入响应　　　　　　　D. 暂态响应和稳态响应

5.9.10　图 5-91 所示电路，换路前已处于稳定状态，电容 C 已充有图示极性的 6V 电压，在 $t=0$ 瞬间开关 S 闭合，则 $i_{R(0+)} = $ _____ 。　　　　　　　　　　　　（　　）

A. 1A　　B. 0.4A　　C. -0.6A　　D. 1.6A

5.9.11　如图 5-92 所示电路中，当 S 放在 b 位置，Ⓐ读数为 4A。则当 S 放到 b 位置，Ⓐ读数为_____。（　　）

A. 3A　　B. 4A　　C. 5A　　D. 6A

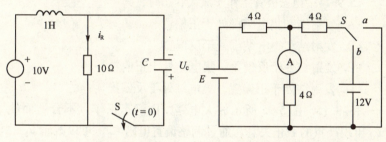

图 5-91　题 5.9.10 图　　　图 5-92　题 5.9.11 图

5.9.12　如图 5-93 所示电路中，电压 U 的表达式为_____。（　　）

A. $\dfrac{\dfrac{E_1}{R_1} - \dfrac{E_2}{R_2} + I_s}{\dfrac{1}{R_1} + \dfrac{1}{R_2} + \dfrac{1}{R_4}}$

B. $\dfrac{\dfrac{E_1}{R_1} - \dfrac{E_2}{R_2} + I_s}{\dfrac{1}{R_1} + \dfrac{1}{R_2} + \dfrac{1}{R_3} + \dfrac{1}{R_4}}$

C. $\dfrac{\dfrac{E_1}{R_1} - \dfrac{E_2}{R_2} + I_s R_3}{\dfrac{1}{R_1} + \dfrac{1}{R_2} + \dfrac{1}{R_3} + \dfrac{1}{R_4}}$

D. $\dfrac{-\dfrac{E_1}{R_1} + \dfrac{E_2}{R_2} - I_s R_3}{\dfrac{1}{R_1} + \dfrac{1}{R_2} + \dfrac{1}{R_3} + \dfrac{1}{R_4}}$

5.9.13　图 5-94 电路中，已知 $u_1 = 60\sqrt{2}\sin\omega t\ \text{V}$，$u_2 = -80\sqrt{2}\sin\omega t\ \text{V}$ 则电压表Ⓥ读数为_____。（　　）

A. 20V　　B. 100V　　C. -20V　　D. 140V

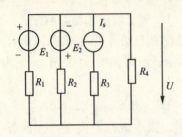
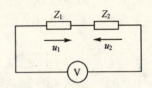

图 5-93 题 5.9.12 图　　　　图 5-94 题 5.9.13 图

5.9.14 当三极管工作于放大状态时，其_____。（　　）
A. 发射结和集电结都处于正偏置
B. 发射结和集电结都处于反偏置
C. 发射结处于反偏置，集电结处于正偏置
D. 发射结处于正偏置，集电结处于反偏置

5.9.15 图 5-95 所示放大电路，因静态工作点不合适而使 u_0 出现严重的截止失真，通过调整偏置电阻 R_B，可以改善 u_0 的波形，调整过程是应使 R_B _____。（　　）

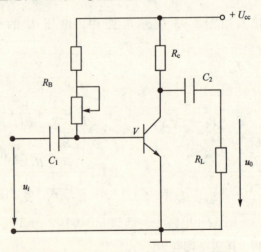

图 5-95 题 5.9.15 图

A. 增加 　　　　　　　　B. 减小
C. 等于零 　　　　　　　D. 只要改变就行

5.9.16 放大电路如图 5-95 所示，其静态值 I_B、I_C 和 U_{CE} 分别为_____。　　　　　　　　　　　　　（　　）

A. 40, 4, 6 　　　　　　B. $40\mu A$, 4mA, 6V
C. $4\times10^{-4}A$, 0.04A, 0 　　D. 0, 0, 12V

5.9.17 放大电路如图 5-96 所示，则放大电路的输入电阻为_____。　　　　　　　　　　　　　　（　　）

A. $0.95k\Omega$　　B. $300k\Omega$　　C. $0.5k\Omega$　　D. $1.5k\Omega$

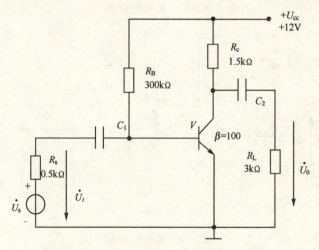

图 5-96　题 5.9.16 图

5.9.18 如图 5-97 所示电路中，其运算表达式为_____。
　　　　　　　　　　　　　　　　　　　　　　（　　）

A. $U_0 = \left(\dfrac{R_F}{R_1}U_{i1} - \dfrac{R_F}{R_2}U_{i2}\right)$ 　　B. $U_0 = -\left(\dfrac{R_F}{R_1}U_{i1} + \dfrac{R_F}{R_2}U_{i2}\right)$

C. $U_0 = \left(\dfrac{R_F}{R_2}U_{i2} - \dfrac{R_F}{R_1}U_{i1}\right)$ 　　D. $U_0 = \left(\dfrac{R_F}{R_1}U_{i1} + \dfrac{R_F}{R_2}U_{i2}\right)$

5.9.19 图 5-98 所示电路中，已知 $R_f = 2R_1$，$U_i = -2V$，则输出电压 $U_0 = $_____。　　　　　　　（　　）

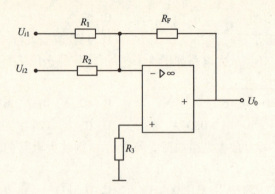

图 5-97 题 5.9.18 图

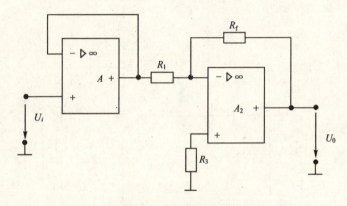

图 5-98 题 5.9.19 图

A. 6V　　　B. -4V　　　C. -6V　　　D. 4V

5.9.20 希望单级运算电路的函数关系是 $y = a_1x_1 + a_2x_2 + a_3x_3$（其中 a_1、a_2 和 a_3 是常数，且均为负值），应选用_____。实现　　　　　　　　　　　　　　　（　　）

　　A. 同相求和电路　　　　　B. 反相求和电路
　　C. 加减运算电路　　　　　D. 积分运算电路

(10) 工程经济模拟题

1) 单选题（各题只有一个正确答案，请将正确答案的代号

填在题内空格处)

5.10.1 某公司计划第5年末购置一套40万元的检测设备,拟在这5年内年末等额存入一笔资金到银行作为专用基金,银行存款年利率为10%,按复利计息,则每年等额存入的资金应不少于_____万元。 ( )

A. 3.552　　B. 4.552　　C. 6.552　　D. 7.552

5.10.2 某建设单位向外商订购设备,有两银行可提供贷款,甲行年利率17%,计息期半年一次,乙行年利率16.8%,计息期一个月一次,按复利计息,因此,建设单位的结论是_____。 ( )

A. 向甲行借款

B. 向乙行借款

C. 任向哪行借款都一样

D. 甲行年实际利率比乙行年实际利率高

5.10.3 某项目设计生产能力6000台,每台销售价格500元,年单位产品变动成本350元,年固定成本285000元,每台产品税金50元,则该项目的盈亏平衡点为_____。 ( )

A. 2150　　B. 2500　　C. 2850　　D. 3150

5.10.4 拟建项目的设备装置的规模是选定的同类设备装置规模的9倍,其生产能力指数为0.5,两者时间相差3年,故取物价指数1.25,则该拟建项目的设备装置按生产能力指数法估算的投资是选定的同类设备装置的投资的_____倍。 ( )

A. 3.25　　B. 3.50　　C. 3.75　　D. 4.00

5.10.5 某工程设计有两个方案,甲方案功能评价系数0.85,成本系数0.92;乙方案功能评价系数0.81,成本系数0.9,则最优方案的价值系数为_____。 ( )

A. 0.86　　B. 0.90　　C. 0.924　　D. 0.95

5.10.6 某项目有四个方案,甲案财务净现值FNPV=200万元,投资现值I_p=3000万元,乙案FNPV=180万元,I_p=

2000万元，丙案 FNPV = 150 万元，I_p = 3000 万元，丁案 FNPV = 200 万元，I_p = 2000 万元，据此条件，项目的最好方案是_____。　　　　　　　　　　　　　　　　　　（　　）

  A. 甲案　　　B. 乙案　　　C. 丙案　　　D. 丁案

  5.10.7　单价法与实物法编制施工图预算的最大区别在于_____。　　　　　　　　　　　　　　　　　　（　　）

  A. 定额含量不同

  B. 工程量计算规则不同

  C. 计算工机料三者费用之和的方法不同

  D. 费用标准不同

  5.10.8　施工邀请招标，应由招标单位向有承担该项工程能力_____投标者发出招标邀请书　　　　　　（　　）

  A. 1个　　　　　　　　　　B. 2个

  C. 3个　　　　　　　　　　D. 3个或3个以上

  5.10.9　某建设项目建设期一年，投资 500 万元，建设期贷款利息额 60 万元，固定资产形成率 96%，使用年限 15 年，无残值与清理费，则该项目使用期间按直线法折旧的年折旧额为_____万元。　　　　　　　　　　　　　　　（　　）

  A. 36.0　　　B. 34.0　　　C. 33.4　　　D. 32.0

  5.10.10　某电力公司打算制造一种新的通信仪器，生产这种仪器的决策需要 500 万元的投资。这种仪器的需求量并不知道，但能作出三种估计，假如估计需求量很大，今后 5 年中每年有 200 万元的收益；需求量一般，今后 5 年中每年有 160 万元的收益；需求量很小，今后 5 年中每年有 80 万元的收益。估计需求量很大的概率为 0.5，需求量小的概率为 0.1。电力公司作这决策的期望收益值为_____。　　　　　　　　（　　）

  A. 860 万元　B. 360 万元　C. 172 万元　D. 672 万元

  5.10.11　在对非确定型决策问题进行分析时，当决策者对决策失误的后果看得较重时，一般可采用_____。（　　）

A. 最大最小收益值法　　　B. 最大最小后悔值法
C. 最小最大后悔值法　　　D. 平均收益值法

5.10.12　某项目从第一年第一季度末起连续三年每季度末借款10万元,从第四年末开始以年末等额还款方式,分6年还清本利、借款的利率为年利率8%,年末等额还款数为_____。　　　　　　　　　　　　　　　　　　　　　　(　　)

A. 20万元　　　　　　　B. 28.09万元
C. 25.96万元　　　　　　D. 28.32万元

5.10.13　在建设项目经济评价中,属于转移支付的有税金+_____。　　　　　　　　　　　　　　　　　　(　　)

A. 利息+折旧费
B. 折旧费+补贴
C. 国内借款利息+折旧费+补贴
D. 国内借款利息+折旧费

5.10.14　在建筑设计方案的控制与评价指标中,容积率是以建筑物的建筑面积与_____的比值来表示。　(　　)

A. 建筑物占地面积　　　B. 规划用地面积
C. 建筑物基底面积　　　D. 规划工程面积

5.10.15　在建设工程的初步设计阶段,需编制的确定工程建设费用的文件称为_____。　　　　　　　　　(　　)

A. 投资估算　　　　　　B. 概算
C. 施工图预算　　　　　D. 工程结算

2) 多项选择题（下列各题有多项正确答案,要求选出所有的正确答案的代号,填在题内空格处）

5.10.16　我国工程项目建设招标的形式有_____。(　　)

A. 公开招标　　　　　　B. 国际竞争性招标
C. 邀请招标　　　　　　D. 议标
E. 总价招标

5.10.17　价值工程的主要特征表现为_____。　(　　)

A. 目标上的特征 B. 技术上的特征
C. 方法上的特征 D. 活动领域上的特征
E. 合同管理上的特征 F. 组织上的特征

5.10.18 类似预算法编制建筑工程概算时应考虑_____的影响。 （   ）

A. 建筑与结构上的差异
B. 地区工资与材料价格的差异
C. 施工机械使用费的差异
D. 间接费的差异
E. 企业管理费的差异
F. 企业计划利润的差异

5.10.19 施工承包合同纠纷的诉讼当事人包括_____。 （   ）

A. 业主 B. 监理工程师
C. 承包商 D. 行政主管部门

5.10.20 经济合同订立才具有法律效力，经济合同订立的条件是_____。 （   ）

A. 主体资格合格 B. 国家批准
C. 内容合法 D. 主管部门同意
E. 订立程序合法 F. 形式合法

（11）计算机应用基础模拟题

5.11.1 微型计算机的硬件包括_____。 （   ）
A. 微处理器、存贮器、外部设备、外围设备
B. 微处理器、RAM、MS 系统、FORTRAN 语言
C. ROM 和键盘、显示器
D. 软盘驱动器和微处理器、打印机

5.11.2 微型计算机的软件包括_____。 （   ）
A. MS-DOS 系统、Super SAP
B. dBASE 数据库、FORTRAN 语言

C. 机器语言和通用软件

D. 系统软件、程序语言和通用软件

5.11.3 目前一般计算机系统的工作原理是_____。（   ）

A. 程序设计　　　　　　B. 二进制

C. 存储程序和程序控制　D. 结构化

5.11.4 微型计算机的算术逻辑部件包含在以下哪种设备之中？　　　　　　　　　　　　　　　　（   ）

A. CPU　　B. I/O 接口　　C. I/O 设备　　D. 存贮器

5.11.5 下列 DOS 命令中，为内部命令的是_____。

（   ）

A. FORMAT　　B. SYS　　C. DATE　　D. DISKCOPY

5.11.6 用"四舍五入"规则取准确值 x 从第一个非零数字开始往右的 n 位 $x*$ 作为近似值，则 $x*$ 的有效数字位数_____。（   ）

A. 必有 $n-1$ 位　　　　B. 必有 n 位

C. 必有 $n+1$ 位　　　　D. 无法确定

5.11.7 对正式发表的数据 0.0003140590，用标准的浮点记数法可记成_____。（   ）

A. 0.314059×10^{-3}　　　　B. 0.3140590×10^{-3}

C. 3.14059×10^{-4}　　　　D. 3140590×10^{-10}

5.11.8 二进制数 10110101111 的八进制数和十进制数分别为_____。（   ）

A. 2657，1455　　　　B. 2567、1554

C. 2657、1545　　　　D. 2567、1455

5.11.9 对磁盘写保护后，对磁盘_____。（   ）

A. 只能读取数据，不能写入数据

B. 只能写入数据，不能读取数据

C. 不能读数据，也不能写入数据

D. 既能读数据，又能写入数据

5.11.10 拷贝文件所用指令有_____。 （　　）

A. COPY, XCOPY, DISKCOPY

B. MD, RESTORE, DEL

C. BACKUP, TYPE, PRINT

D. DIR, XCOPY, DISKCOPY

5.11.11 文件名的字符串最多不超过_____。 （　　）

A. 4　　　　B. 6　　　　C. 8　　　　D. 10

5.11.12 对新盘进行格式化同时，将操作系统亦复制到新盘上，所用指令为_____。 （　　）

A. FORMAT/4　　　　　　B. FORMAT/V

C. FORMAT/S　　　　　　D. FORMAT/l

5.11.13 FORTRAN 程序每一行有 80 个字符（列），按从左到右顺序，其 4 个区段排列次序为_____。 （　　）

A. 语句标号段、语句段、注释段、续行段

B. 语句标号段、续行段、注释段、语句段

C. 续行段、语句标号段、注释段、语句段

D. 语句标号段、续行段、语句段、注释段

5.11.14 下列表示数组的方法_____组是正确的。（　　）

A. A(-2:3)、B(5, 8), CA(2, 5, 3)

B. A(4), B(3.5), CBAD(8, 9, 10)

C. B(2, 3), A(-8:3, -9:6), ACAD(5)

D. F(-2), IA(-9:3), FC(-2:6, 3:9)

5.11.15 已知 $y=f(x)$ 的函数表

x	1	2
y	1	3

则其插值多项式 $p(x)$ 为_____。 （　　）

A. $p(x) = x^2 - 4x + 3$　　　　B. $p(x) = -2x + 5$

C. $p(x) = 2x - 1$　　　　D. $p(x) = \frac{1}{2}(x+1)$

5.11.16 下列关于分段三次埃尔米特（Hermite）插值多项式 $H_3(x)$ 的四项描述中，错误的一项是_____。　（　）

A. $H_3(x)$ 在每个分段区间是三次多项式

B. $H_3(x)$ 在插值区间上总体是连续的

C. $H_3(x)$ 在节点处一阶导数连续

D. $H_3(x)$ 在节点处一至二阶导数间断

5.11.17 关于牛顿-柯特斯（Newton-Cotes）求积公式

$$\int_a^b f(x)\,\mathrm{d}x \approx (b-a)\sum_{k=0}^n C_k^{(n)} f(x_k)$$

下列说法哪项_____是错误的。　（　）

A. 它是等距节点的插值型求积公式

B. 当 n 为偶数时，它至少有 $n+1$ 次代数精度

C. 无论 n 多大，公式的数值稳定性总是保证的

D. 通常使用它的低阶复合求积公式

5.11.18 语句序列

```
        DO 10 I = 1, 5, 2
        DO 10 J = 2, 6, 2
   10   K = I + J
        WRITE (*, *) K
```

执行的结果是_____。　（　）

A. K = 9　　B. K = 10　　C. K = 11　　D. K = 12

5.11.19 若有 INTEGER A (-2:2, 0:3, 1:2)，按照在内存中的存储次序，数组 A 中第 8 号元素为_____。　（　）

A. A(-1, 0, 2)　　　　B. A(0, 1, 1)

C. A(2, 1, 2)　　　　D. A(1, 1, 1)

5.11.20 对下列程序段

```
    READ (*, *) X
    IF [ (X .LT. -5.0) .OR. (X .EQ. -1.0) ] THEN
        Y = 0.0
```

```
ELSEIF (X.LT.0.0) THEN
    Y = 1.0/(X+1.0)
ELSEIF (X.LT.5.0) THEN
    Y = 1.0/(X+2.0)
ELSE
    Y = 0.0
ENDIF
WRITE(*,*) Y
```

若输入4.0,则结果为_____。　　　　　　　　(　　)
A. 0.0　　　　B. 1/5　　　　C. 1/6　　　　D. 1/4+2.0

(12) 工程测量模拟题

5.12.1 适合于城市和工程测量采用的坐标系为_____。

(　　)

A. 建筑坐标系　　　　　　B. 高斯平面直角坐标系
C. 地理坐标系　　　　　　D. 空间直角坐标系

5.12.2 已知高程的 A、B 两水准点之间布设附合水准路线,测得的高差总和 $\Sigma h_{测} = +0.850$m,A 点高程为12.386m,B 点的高程为13.220m,则附合路线的高差闭合差为_____。　　(　　)

A. +0.016m　　B. −0.016m　　C. −0.014m　　D. +0.014m

5.12.3 水准仪的精度级别主要决定于_____。(　　)

A. 望远镜放大率　　　　　B. 仪器检验校正
C. 水准管灵敏度　　　　　D. 视差消除程度

5.12.4 进行水准测量时,自动安平水准仪的操作步骤为_____。　　　　　　　　　　　　　　　　　　　　　(　　)

A. 瞄准,读数
B. 粗平,瞄准,精平,读数
C. 瞄准,粗平,精平,读数
D. 粗平,瞄准,读数

5.12.5 用经纬仪的盘左和盘右进行水平角观测,取其平

均数可以抵消_____。 （　　）
　　A. 视准轴误差和横轴误差　　B. 横轴误差和指标差
　　C. 视准轴误差和指标差　　　D. 视差和指标差

5.12.6　经纬仪竖盘为逆时针注记，设瞄准某目标时盘左读数 $L=83°45'00''$，盘右读数 $R=276°15'40''$，则盘左盘右观测的垂直角值为_____。 （　　）
　　A. $6°15'00''$　　　　　　　B. $-6°15'20''$
　　C. $6°15'20''$　　　　　　　D. $-6°15'00''$

5.12.7　用光电测距仪测得斜距，需要经过_____。（　　）
　　A. 尺长改正，温度改正，高差改正
　　B. 倾斜改正，高差改正
　　C. 常数改正，温度改正
　　D. 仪器常数改正，气象改正，倾斜改正

5.12.8　某水平角用经纬仪观测 4 次，各次观测值为 $60°24'36''$，$60°24'24''$，$60°24'24''$，$60°24'26''$，则该水平角的"最或是值"及其中误差为_____。 （　　）
　　A. $60°24'32''\pm6''$　　　　B. $60°24'30''\pm3''$
　　C. $60°24'00''\pm4''$　　　　D. $60°24'30''\pm6''$

5.12.9　设 A 点的坐标为（240.00，240.00），B 点的坐标为（340.00，140.00），则 AB 边的坐标方位角和边长为_____。 （　　）
　　A. $45°00'00''$，100m　　　　B. $135°00'00''$，141.42m
　　C. $225°00'00''$，141.42m　　D. $315°00'00''$，100m

5.12.10　导线测量在城市常采用的形式是_____。（　　）
　　A. 视距导线　　　　　　　　B. 闭合导线
　　C. 附合导线　　　　　　　　D. 支导线

5.12.11　在 1:2000 地形图上量得等倾斜地段 A、B 两点的高程分别为 43.6m、34.9m，$d_{AB}=17.4$cm，则 AB 两点间的平均坡度为_____。 （　　）

A. 5.0%　　B. 0.025　　C. 2.5%　　D. 0.05

5.12.12　已知直线 AB，其象限角为南东 $31°40'20''$，则该直线的坐标方位角为_____。　　　　　　　（　）

A. $31°40'20''$　　　　　　　B. $211°40'20''$

C. $148°19'40''$　　　　　　　D. $58°19'40''$

5.12.13　已知水准点高程为 35.000m，当测设某 ±0 高程（35.280m）时，后视读数为 1.050m，则 ±0 欲立尺点之读数应是_____。　　　　　　　　　　　　　　　（　）

A. 0.770m　　B. 0.280m　　C. 1.280m　　D. 1.770m

5.12.14　某建筑场地为矩形，其长宽各丈量了五次，其平均值为 $a=105.00±0.012$m；$b=63.00±0.01$m，则面积的中误差为_____。　　　　　　　　　　　　　　（　）

A. $±0.64m^2$　　B. $±0.32m^2$　　C. $±0.29m^2$　　D. $±0.58m^2$

5.12.15　要求地形图上表示的地物最小长度为 0.1m 则应选择测图比例尺为_____。　　　　　　　　（　）

A. 1∶500　　B. 1∶1000　　C. 1∶2000　　D. 1∶5000

5.12.16　某竖盘为逆时针注记（刻度），盘左时的竖盘读数为：$78°34'56''$，则竖直角应为_____。　　（　）

A. $11°25'04''$　　　　　　　B. $5°38'32''$

C. $-5°38'32''$　　　　　　　D. $-11°25'04''$

5.12.17　某闭合导线为五边形，其角度闭合差为 $-35''$，$f_{\beta容}=±60''\sqrt{n}$，则角度改正数为_____。　　（　）

A. $-7''$　　B. $7''$　　C. $-35''$　　D. $35''$

5.12.18　经纬仪"水准管轴应垂直于竖轴"校正时，先用校正针拨动水准管校正螺丝，使气泡返回偏值的_____。（　）

A. 2 倍　　B. 一半　　C. 一倍　　D. 四倍

5.12.19　用望远镜瞄准目标时，视差产生的原因是_____。　　　　　　　　　　　　　　　　　　　（　）

A. 眼睛晃动　　　　　　　B. 阳光的影响

C. 目标影像不在十字丝板上　　D. 目镜放大倍数不够

5.12.20 设某建筑控制点，A、B，测设点为 P，它们的坐标为 $x_A = 4118.13m$，$y_A = 4922.12m$；$x_B = 4151.45m$，$y_B = 4976.36m$；$x_P = 4546.58m$，$y_P = 4733.98m$，当经纬仪安置于 B 点时，其极坐标法测设 P 点的测设角值是＿＿＿＿（注：$\alpha_{BA} = 238°26'14''$）。　　　　　　　　　　　　　　　　（　　）

A. $238°26'14''$　　　　　　B. $328°28'28''$
C. $92°02'14''$　　　　　　　D. $86°27'36''$

(13) 土木工程施工与管理模拟题

5.13.1 在湿度正常的砂土和碎石土中开挖基坑或管沟，可做成直立壁不加支撑的深度规定是＿＿＿＿。（　　）

A. ≤0.5m　　B. ≤1.0m　　C. ≤1.5m　　D. ≤2.0m

5.13.2 用井点降水法降低地下水位开挖基坑时，可防止坑内涌水、斜坡失稳、坑底上冒、出现流砂。在此四项作用中，井点降水的主要目的是＿＿＿＿。（　　）

A. 坑内涌水　B. 斜坡失稳　C. 坑底上冒　D. 出现流砂

5.13.3 用于桩对土体产生挤压，因此打桩时应拟定合理的打桩顺序，当逐排打设时，打桩的推进方向应＿＿＿＿。（　　）

A. 逐排改变　　　　　　B. 各排均向同一方向
C. 从两端向中间　　　　D. 从中间向两端

5.13.4 在钢筋加工中，大直径钢筋的对接焊接通常采用＿＿＿＿。　　　　　　　　　　　　　　　　　　（　　）

A. 电弧焊　　　　　　　B. 电阻点焊
C. 气压焊　　　　　　　D. 闪光对焊

5.13.5 在现代建筑施工中，用得最为普遍的模板型式为＿＿＿＿。　　　　　　　　　　　　　　　　　　（　　）

A. 木模板　　　　　　　B. 组合钢模板
C. 大模板　　　　　　　D. 滑升模板

5.13.6 搅拌干硬性混凝土宜选用＿＿＿＿。（　　）

A. 双锥式搅拌机 B. 鼓筒式搅拌机
C. 自落式搅拌机 D. 强制式搅拌机

5.13.7 混凝土强度与搅拌时间的关系为_____。（ ）

A. 两者成正比

B. 超过一定时间后强度达到稳定值

C. 过长时间的搅拌反之使强度降低

D. 两者无关

5.13.8 浇筑多层钢筋混凝土框架结构的柱子时，应_____。（ ）

A. 一端向另一端推进 B. 由外向内对称浇筑
C. 由内向外对称浇筑 D. 任意顺序浇筑

5.13.9 大体积混凝土的振捣密实，宜选用_____。（ ）

A. 内部振动器 B. 表面振动器
C. 振动台 D. 外部振动器

5.13.10 对平卧叠浇的预应力混凝土构件，为避免上层构件的重量产生的摩阻力而引起的预应力损失，在预应力筋张拉时，应_____。（ ）

A. 张拉力逐层减小 B. 逐层加大超张拉
C. 各层张拉力不变 D. 面层加大超张拉

5.13.11 起重机在厂房内一次开行就吊装完一个节间内各种类型的构件，这种吊装方法称_____。（ ）

A. 旋转法 B. 滑行法
C. 分件吊装法 D. 综合吊装法

5.13.12 在先张法预应力混凝土施工中，对配有多根钢筋的预应力构件，在放松预应力筋时应_____。（ ）

A. 同时放松

B. 从两端向中间逐根放松

C. 从中间向两端逐根放松

D. 从一端向另一端逐根放松

5.13.13 移挖作填以及基坑和管沟的回填,运距在 60~100m 内时,宜选用_____。 （   ）
   A. 挖土机   B. 铲运机   C. 推土机   D. 装载机

5.13.14 为防止混凝土离析,规范规定：混凝土自高处倾落的自由高度不应超过_____。 （   ）
   A. 1.0m   B. 2.0m   C. 3.0m   D. 4.0m

5.13.15 较长距离的商品混凝土的地面运输,宜采用_____。 （   ）
   A. 自卸汽车   B. 混凝土搅拌运输车
   C. 小型机动翻斗车   D. 混凝土泵

5.13.16 施工组织设计按编制的对象不同共有_____类。 （   ）
   A. 2   B. 3   C. 4   D. 5

5.13.17 在设计施工平面图时,首先应_____。（   ）
   A. 布置运输道路
   B. 确定垂直运输机械的位置
   C. 布置生产、生活用临时设置
   D. 布置搅拌站、材料堆场的位置

5.13.18 在安排各施工过程的先后顺序时,可以不考虑_____。 （   ）
   A. 施工工艺的要求   B. 施工组织的要求
   C. 施工质量的要求   D. 施工管理人员的素质

5.13.19 施工进度计划可用_____或_____表示,其中_____提供的进度信息更为全面、丰富。
   A. 横道图,网络图,网络图
   B. 网络图,横道图,横道图
   C. 单代号网络图,双代号网络图,双代号网络图
   D. 双代号网络图,单代号网络图,单代号网络图

5.13.20 在流水施工过程中,相邻两个专业工作队先后进

147

入第一施工段开始施工的时间间隔称为_____。　　　(　　)
　　A. 技术间歇　　　　　　　　B. 流水步距
　　C. 流水节拍　　　　　　　　D. 流水间隔

5.13.21　在加快成倍节拍流水中,任何两个相邻专业工作队间的流水步距等于所有流水节拍的_____。　　　(　　)
　　A. 最小值　　　　　　　　　B. 最小公倍数
　　C. 最大值　　　　　　　　　D. 最大公约数

5.13.22　逻辑关系"A、B 均完成后进行 C,B、D 均完成后进行 E"可用如图 5-99 _____所示的双代号网络图表示_____。　　　(　　)

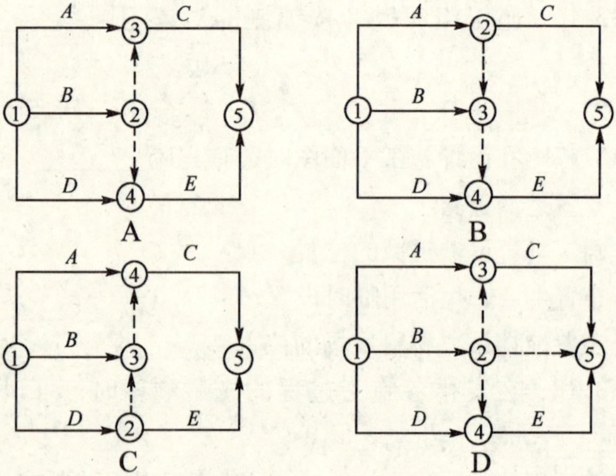

图 5-99　题 5.13.22 图

5.13.23　在单代号网络图中,相邻两工作 i 和 j 之间的时间间隔 T_{ij}^{LAG} 可计算为_____。　　　(　　)
　　A. $T_j^{ES} - T_i^{LS}$　　　　　　B. $T_j^{LS} - T_i^{ES}$
　　C. $T_j^{ES} - T_i^{ES}$　　　　　　D. $T_j^{LS} - T_i^{LS}$

5.13.24　利用工作的自由时差_____。　　　(　　)
　　A. 不会影响紧后工作,也不会影响总工期
　　B. 不会影响紧后工作,但会影响总工期

C. 会影响紧后工作，但不会影响总工期
D. 会影响紧后工作，也会影响总工期

5.13.25 工程的竣工验收应由_____提出申请。（　　）
A. 主管部门　　　　　　B. 建设单位
C. 设计单位　　　　　　D. 施工单位

5.13.26 大型综合施工企业宜采用_____现场施工管理组织形式。（　　）
A. 部门控制式　　　　　B. 工程队式
C. 矩阵式　　　　　　　D. 混合制式

5.13.27 全面质量管理不强调_____的质量管理。（　　）
A. 全面质量　　　　　　B. 全过程
C. 全方位　　　　　　　D. 全体人员

5.13.28 图纸会审工作是属于_____方面的工作。（　　）
A. 全面质量管理　　　　B. 技术管理
C. 现场施工管理　　　　D. 文档管理

5.13.29 质量管理需按 PDCA 循环组织质量管理的全部活动，其中的 D 是指_____。（　　）
A. 计划　　B. 实施　　C. 检查　　D. 行动

5.13.30 竣工验收的组织形式有除_____以外的三种。（　　）
A. 验收委员会　　　　　B. 验收指挥部
C. 验收小组　　　　　　D. 验收领导小组

（14）结构试验模拟题

5.14.1 大跨度预应力钢筋混凝土屋架静载试验时采用下列哪种试验加载方法最为理想和适宜_____。（　　）
A. 重力直接加载
B. 多台手动液压加载器加载
C. 杠杆加载
D. 同步液压系统加载

5.14.2 电液伺服液压加载系统是结构试验研究中的一种先进的加载设备,下列说明中哪项是错误的? ( )

A. 它的特点是能模拟试件所受的实际外力

B. 其工作原理是采用闭环控制

C. 电液伺服阀是整个系统的心脏

D. 在地震模拟振动台试验中主要将物理量应变作为控制参数来控制电液伺服系统和试验的进程

5.14.3 采用百分表位移装置量测结构应变时,当选用量测标距由 100mm 扩大为 200mm 时,试问量测数据的精度和量程按下列哪种情况发生变化? ( )

A. 精度和量程没有变化　　B. 精度提高,量程减小

C. 精度降低,量程增大　　D. 精度提高,量程也增大

5.14.4 量测仪器的技术性能指标中仪器测量被测物理量最小变化值的能力被称为 ( )

A. 刻度值　　B. 灵敏度　　C. 分辨率　　D. 量程

5.14.5 简支梁跨中作用集中荷载 P,模型设计时假定几何相似常数 $S_l = 1/10$,模型与原型使用相同的材料,并要求模型挠度与原型挠度相同,即 $f_m = f_p$,试求集中荷载相似常数 S_p 等于多少? ( )

A. 1　　B. 1/10　　C. 1/20　　D. 1/100

5.14.6 采用两个三分点集中荷载 P 代替均布荷载 q 作为等效荷载进行钢筋混凝土简支梁试验,试问当跨中最大弯矩等效时等效荷载值 P 应是多少? ( )

A. $\frac{1}{4}ql$　　B. $\frac{3}{8}ql$　　C. $\frac{1}{2}ql$　　D. $\frac{5}{8}ql$

5.14.7 结构静载试验中采用分级加载的目的,哪一条的论述不当? ( )

A. 控制加载速度

B. 便于观测和观察

C. 便于绘制荷载与相关性能参数的曲线
D. 提供试验工作的方便条件

5.14.8 下述四种试验所选用的加载设备哪一种最不当？
( )

A. 采用试件表面热刷石蜡后四周封闭抽真空产生负压方法做薄壳板试验
B. 采用电液伺服加载装置对梁柱节点构件进行模拟地震反应试验
C. 采用激振器方法对吊车梁做疲劳试验
D. 采用液压千斤顶方法对屋架结构进行承载力试验

5.14.9 图 5-100 所示四种实测波形，哪一种是瞬时冲击荷载产生的？
( )

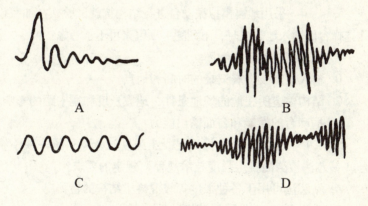

图 5-100 题 5.14.9 图

5.14.10 钢筋混凝土桁架鉴定性试验时，选定以下测试项目，哪一项可以省略？
( )

A. 上、下弦挠度的测定
B. 发裂荷载及裂缝宽度与分布的测定
C. 端节点主应力、主应力方向及剪应力的测定
D. 主要杆件控制截面应力的测定

5.14.11 对钢筋混凝土平面框架梁柱节点的伪静力试验，以下观测项目中哪一项可以省略？（　　）

A. 杆端的位移测定

B. 梁柱节点塑性铰区曲率或转角的测定

C. 梁柱交界面主筋和箍筋应变的测定

D. 扭矩与扭转角的测定

5.14.12 动荷载具有如下特性，哪一项是错的？（　　）

A. 动荷载的大小　　　　B. 动荷载的方向和作用点

C. 动荷载的频率和规律　D. 动荷载的振型

5.14.13 试问下列哪项试验不属于结构动载试验？（　　）

A. 结构疲劳试验　　　　B. 地震模拟振动台试验

C. 计算机—加载器联机试验　D. 环境随机激振试验

5.14.14 采用地震模拟振动台进行结构抗震试验，在加载设计选择台面输入地震波时，下列哪一项因素可不予考虑？（　　）

A. 试验结构的自振频率

B. 输入地震波强震记录的时间和地点

C. 结构建造所在地的场地条件，地震烈度和震中距的影响

D. 振动台的性能和台面输出能力

5.14.15 采用钻芯法检测混凝土强度时，下列哪一项不符合《钻芯法检测混凝土强度技术规程》规定的要求？（　　）

A. 钻芯法可用于各种强度等级混凝土结构的检测

B. 采用 $h/d=1$ 的圆形芯样试件

C. 由钻取芯样抗压试验的实测值可直接作为混凝土强度的换算值

D. 对于单构件检测时，芯样数量不应少于3个

5.14.16 砌体工程现场检测时，下列哪种检测方法可直接检测砌体的抗压强度？（　　）

A. 扁顶法　　B. 回弹法　　C. 推出法　　D. 筒压法

5.14.17 大梁裂缝开展的宽度有如下四种量测方法，哪一

种最标准？ ( )

A. 取侧面三条最大裂缝的平均宽度
B. 取底面三条最大裂缝的平均宽度
C. 取受拉主钢筋重心处的最大裂缝宽度
D. 取侧面和底面三条最大裂缝的平均宽度

5.14.18 使用千分表经过一定的布置可以完成如下项目的观测，哪一种是不易实现的？ ( )

A. 用于测位移或滑移 B. 用于测应变
C. 用于测油压   D. 用于测转角

5.14.19 有如图 5-101 所示截面作内力测量，按要求布置应变计测点，哪一种布置最不当？ ( )

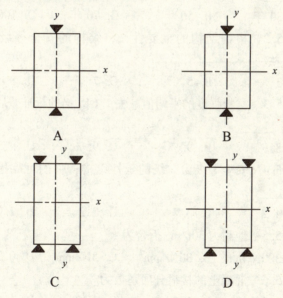

图 5-101 题 5.14.19 图

A. 测轴力（N）
B. 测轴力和弯矩（N 和 M_x）
C. 测轴力（N）

D. 测轴力和弯矩（N 和 M_x）

5.14.20　钢筋混凝土结构的破坏标准中哪一条不正确？
（　　）

A. 跨中最大挠度达到跨度的 1/50
B. 受拉主筋处的裂缝宽度达到 2.5mm
C. 受剪斜裂缝宽度达到 1.5mm 或受压混凝土剪压破坏或斜压破坏
D. 主筋端部混凝土滑移达 0.2mm

(15) 结构设计的一般知识习题

5.15.1　我国对一般工业与民用建筑的设计使用年限规定为_____。（　　）

A. 30 年　　B. 50 年　　C. 70 年　　D. 100 年

5.15.2　根据结构的重要性，将结构的安全等级划分为_____级。（　　）

A. 3　　　　B. 5　　　　C. 7　　　　D. 8

5.15.3　材料强度的平均值减去 1.645 倍的标准差后，其保证率为_____。（　　）

A. 85%　　B. 90%　　C. 95%　　D. 97.73%

5.15.4　安全等级为二级的延性结构构件的可靠指标规定为_____。（　　）

A. 4.2　　　B. 3.7　　　C. 3.2　　　D. 2.7

5.15.5　地耐力 30t/m² 折合为_____。（　　）

A. 300N/mm²　B. 30N/mm²　C. 3N/mm²　D. 0.3N/mm²

5.15.6　混凝土的材料分项系数为_____。（　　）

A. 1.25　　B. 1.30　　C. 1.40　　D. 1.50

5.15.7　荷载的标准值是该荷载在结构设计期内可能达到的_____。（　　）

A. 最小值
B. 平均值

C. 加权平均值
D. 最大荷载统计分布的特征值

5.15.8 教室的楼面均布活荷载标准值为_____。（　　）
A. $2.0kN/m^2$　　　　　　B. $2.5kN/m^2$
C. $3.0kN/m^2$　　　　　　D. $3.5kN/m^2$

5.15.9 上人平屋顶的均布活荷载标准值为_____。（　　）
A. $0.5kN/m^2$　　　　　　B. $1.5kN/m^2$
C. $2.0kN/m^2$　　　　　　D. $2.5kN/m^2$

5.15.10 可变荷载在整个设计基准期50年内出现时间不少于_____的那部分荷载值，称为该可变荷载的准永久值（　　）
A. 10年　　B. 15年　　C. 20年　　D. 25年

5.15.11 一般情况下，可变荷载的分项系数取_____。
（　　）
A. 1.2　　B. 1.3　　C. 1.4　　D. 1.5

5.15.12 安全等级为二级的结构构件的重要性系数为_____。（　　）
A. 0.9　　B. 1.0　　C. 1.1　　D. 1.2

5.15.13 防震缝的最小宽度为_____。（　　）
A. 50mm　　B. 70mm　　C. 80mm　　D. 100mm

5.15.14 下列哪一项不属结构上的作用按时间的变异分类内容_____。（　　）
A. 永久作用　　　　　　B. 可变作用
C. 可动作用　　　　　　D. 偶然作用

5.15.15 下列哪一项不属作用效应_____。（　　）
A. 内力　　B. 挠度　　C. 荷载　　D. 转角

5.15.16 我国消防工作的方针是_____。（　　）
A. 预防为主，防消结合　　B. 以消为主，防消结合
C. 防消并重　　　　　　D. 自己负责

5.15.17 在有防腐要求的工业厂房中，混凝土的强度等级

不应低于_____。　　　　　　　　　　　　　　　(　　)

A. C20　　　B. C25　　　C. C30　　　D. C40

5.15.18　Ⅴ类腐蚀程度建筑物中以钢板组合的结构构件，钢板厚度不得小于_____。　　　　　　　　　(　　)

A. 3mm　　　B. 4mm　　　C. 5mm　　　D. 6mm

5.15.19　人防地下室分为以下几个级别_____。(　　)

A. 4级、4B级、5级和6级　　B. 4级、5级、6级和7级
C. 3级、4级、5级和6级　　　D. 4级、5级、6B级和6级

5.15.20　掩蔽人员的防空地下室应布置在人员居住、工作的适中位置，其服务半径不宜大于_____。　　(　　)

A. 500m　　　B. 400m　　　C. 300m　　　D. 200m

5.15.21　防空地下室距甲类、乙类易燃生产厂房、房屋的距离不应小于50m；距有害液体、重毒气体的贮罐不应小于_____。　　　　　　　　　　　　　　　(　　)

A. 500m　　　B. 200m　　　C. 100m　　　D. 50m

5.15.22　人员掩蔽所和配套工程中有人员停留的房间、通道，早期核辐射剂量的设计限值为_____。　　(　　)

A. 0.2Gy　　B. 0.5Gy　　C. 1.0Gy　　D. 5.0Gy

5.15.23　城市海拔大于1200m且早期核辐射剂量限值为0.2Gy时，5级防空地下室顶板的最小防护厚度为____。(　　)

A. 300mm　　B. 400mm　　C. 500mm　　D. 600mm

5.15.24　当顶板厚度不满足要求时，应在顶板上面覆土。覆土的厚度不应小于最小防护厚度与顶板厚度之差的_____。
　　　　　　　　　　　　　　　　　　　　　　　(　　)

A. 2.0倍　　B. 1.4倍　　C. 1.2倍　　D. 1.1倍

5.15.25　非全埋式6级防空地下室，其室外地面以上钢筋混凝土外墙厚度不应小于_____。　　　　　(　　)

A. 500mm　　B. 400mm　　C. 370mm　　D. 250mm

5.15.26　一等人员掩蔽所的面积标准为_____。(　　)

A. 1.3m²/人 B. 1.5m²/人
C. 1.8m²/人 D. 2.0m²/人

5.15.27 各类防空工程的梁底和管道至地面的净高不得小于_____。( )
A. 2.4m B. 2.2m C. 2.0m D. 1.8m

5.15.28 防空地下室钢筋混凝土独立柱的混凝土强度等级不应低于_____。( )
A. C20 B. C25 C. C30 D. C40

5.15.29 当混凝土强度等级为C30时,防空地下室梁板的最小配筋百分率为_____。( )
A. 0.25% B. 0.20% C. 0.18% D. 0.15%

5.15.30 当防空地下室的房间跨度大于或等于12m时,可在临战时采取加柱进行结构加固,但一个房间的后加柱数量不宜大于_____。( )
A. 8根 B. 6根 C. 5根 D. 4根

(16) 混凝土结构模拟题

5.16.1 《混凝土结构设计规范》中,混凝土各种力学指标的基本代表值是_____。( )
A. 立方体抗压强度标准值 B. 轴心抗压强度设计值
C. 轴心抗拉强度设计值 D. 立方体抗压强度设计值

5.16.2 同一强度等级的混凝土,它的各种力学指标有_____的关系。( )
A. $f_{cu} < f_c < f_t$ B. $f_{cu} > f_c > f_t$
C. $f_{cu} > f_t > f_c$ D. $f_{cu} > f_t > f_c$

5.16.3 热轧钢筋经过冷轧之后,其强度和变形性能的变化是_____。( )
A. 抗拉、抗压强度提高,变形性能降低
B. 抗拉强度提高,抗压强度、变形性能降低
C. 抗压强度提高,抗拉强度、变形性能降低

D. 抗拉强度提高，抗压强度、变形性能不变

5.16.4 对于无明显屈服点的钢筋，其强度标准值取值的依据是_____。 （   ）

A. 最大应变对应的应力　　B. 极限抗拉强度
C. 0.9 倍极限强度　　　　 D. 条件屈服强度

5.16.5 HPB235 级钢筋中的 HPB 代表_____。（   ）

A. 热轧变形钢筋　　　　 B. 热处理钢筋
C. 钢绞线　　　　　　　 D. 热轧光面钢筋

5.16.6 符号Φ代表_____级钢筋。　　　　（   ）

A. HPB235　B. HRB335　C. HRB400　D. RRB400

5.16.7 下列钢筋中无明显屈服点的钢筋为_____。（   ）

A. HRB335　B. HRB400　C. RRB400　D. 刻痕钢丝

5.16.8 下列哪种钢筋不适宜做普通的钢筋混凝土结构的配筋_____。 （   ）

A. HPB235　B. HRB335　C. 刻痕钢丝　D. HRB400

5.16.9 下列哪一项不是有明显流幅的钢筋的属性_____。 （   ）

A. 强度低　　　　　　　 B. 塑性好
C. 延伸率大　　　　　　 D. 含碳量高

5.16.10 普通低合金钢是指合金元素含量不大于_____的钢材。 （   ）

A. 4%　　　B. 5%　　　C. 6%　　　D. 8%

5.16.11 为了防止将受弯构件设计成少筋构件，要求受拉钢筋的截面面积满足 $A_s \geq \rho_{\min} bh$。其中 $\rho_{\min}$ 为受弯构件截面的最小配筋百分率，其值为_____。 （   ）

A. 0.2% 和 $45f_t/f_y$ 中的较大值

B. 0.15% 和 $45f_t/f_y$ 中的较大值

C. 0.15% 和 $45f_t/f_y$ 中的较小值

D. 0.2% 和 $45f_t/f_y$ 中的较小值

5.16.12 为了防止将受弯构件设计成超筋构件,要求相对受压区高度 $\xi \leqslant \xi_b$。对于 HPB235 级钢筋配筋的受弯构件,ξ_b 的值为_____。( )

A. 0.518   B. 0.550   C. 0.588   D. 0.614

5.16.13 当构件截面尺寸和材料强度等相同时,钢筋混凝土受弯构件正截面承载力 M_u 与纵向受拉钢筋配筋百分率 ρ 的关系是_____。( )

A. ρ 越大,M_u 亦越大

B. ρ 越大,M_u 按线性关系增大

C. 当 $\rho_{max} \geqslant \rho \geqslant \rho_{min}$ 时,M_u 随 ρ 增大按线性关系增大

D. 当 $\rho_{max} \geqslant \rho \geqslant \rho_{min}$ 时,M_u 随 ρ 增大按非线性关系增大

5.16.14 某矩形截面简支梁,$b \times h = 200mm \times 500mm$,混凝土强度等级为 C20,受拉区配置 4 根直径为 20mm 的 HRB335 级钢筋,该梁沿正截面破坏时为_____。( )

A. 界限破坏   B. 适筋破坏
C. 少筋破坏   D. 超筋破坏

5.16.15 某矩形截面简支梁,$b \times h = 200mm \times 500mm$,混凝土强度等级为 C20,箍筋采用双肢直径为 8mm,间距为 200mm 的 HPB235 级钢筋,该梁沿斜截面破坏时为_____。( )

A. 斜拉破坏   B. 剪压破坏
C. 斜压破坏   D. 剪压与斜压界限破坏

5.16.16 下列不是受弯构件斜截面的主要破坏形态?( )

A. 塑性破坏   B. 斜压破坏
C. 剪压破坏   D. 斜拉破坏

5.16.17 防止斜压破坏的措施是_____。( )

A. 增加纵筋数量   B. 增加箍筋数量
C. 控制截面尺寸   D. 控制弯矩大小

5.16.18 防止斜拉破坏的有效措施是_____。( )

A. 增大箍筋的间距   B. 提高混凝土的强度等级

C. 增加纵向钢筋的数量　　　D. 控制箍筋的直径与间距

5.16.19　某钢筋混凝土梁,截面高度 $h=500\text{mm}$, $V>0.7f_tbh_0$,箍筋的最大允许间距为_____。　　　　　　（　　）

A. 150mm　　B. 200mm　　C. 250mm　　D. 300mm

5.16.20　当梁高 $h=800\text{mm}$ 时,箍筋的直径不得小于_____。　　　　　　　　　　　　　　　　　　　　　　（　　）

A. 6mm　　B. 7mm　　C. 8mm　　D. 10mm

5.16.21　均布荷载作用下的钢筋混凝土梁满足下列一项要求时可以按构造要求配置箍筋_____。　　　　　　　　　（　　）

A. $V\leqslant 0.5f_tbh_0$　　　　　　B. $V\leqslant 0.6f_tbh_0$
C. $V\leqslant 0.7f_tbh_0$　　　　　　D. $V\leqslant 0.8f_tbh_0$

5.16.22　梁的计算跨度 l_0 与梁的截面高度 h 之比为_____时称为深受弯构件。　　　　　　　　　　　　　　（　　）

A. $l_0/h>5$　　　　　　B. $l_0/h\leqslant 8$
C. $l_0/h\leqslant 5$　　　　　　D. $l_0/h\leqslant 2$

5.16.23　在民用建筑中,单向板肋形楼盖的楼板厚度不得小于_____。　　　　　　　　　　　　　　　　　　　　（　　）

A. 50mm　　B. 60mm　　C. 70mm　　D. 80mm

5.16.24　混凝土强度等级不大于C20时,钢筋混凝土板的保护层最小厚度为_____。　　　　　　　　　　　　（　　）

A. 20mm　　B. 15mm　　C. 10mm　　D. 5mm

5.16.25　无腹筋的钢筋混凝土梁沿斜截面的受剪承载力与剪跨比的关系是_____。　　　　　　　　　　　　　（　　）

A. 随剪跨比的增加而提高
B. 随剪跨比的增加而降低
C. 在一定范围内随剪跨比的增加而提高
D. 在一定的范围内随剪跨比的增加而降低

5.16.26　受弯构件减小受力裂缝宽度最有效的措施之一是_____。　　　　　　　　　　　　　　　　　　　　　（　　）

A. 增加截面尺寸

B. 提高混凝土强度等级

C. 增加受拉钢筋截面面积，减小裂缝截面的钢筋应力

D. 增加钢筋的直径

5.16.27 提高受弯构件抗弯刚度（减小挠度）最有效的措施是_____。 （　　）

A. 提高混凝土强度等级

B. 增加受拉钢筋的截面面积

C. 加大截面的有效高度

D. 加大截面宽度

5.16.28 控制混凝土构件因碳化引起的沿钢筋走向的裂缝的最有效措施是_____。 （　　）

A. 提高混凝土强度等级

B. 减小钢筋直径

C. 增加钢筋截面面积

D. 选用足够的钢筋保护层的厚度

5.16.29 钢筋混凝土纯扭构件应_____。 （　　）

A. 只配与梁轴线呈 45°的螺旋钢筋

B. 只配抗扭纵向受力钢筋

C. 只配抗扭箍筋

D. 既配抗扭纵筋又配抗扭箍筋

5.16.30 设计钢筋混凝土受扭构件时，其受扭纵筋与受扭箍筋的强度比 ζ 应_____。 （　　）

A. <0.5 B. >2.0

C. 不受限制 D. 在 0.6~1.7 之间

5.16.31 素混凝土构件的实际抗扭承载力应_____。

（　　）

A. 按弹性分析方法确定

B. 按塑性分析方法确定

161

C. 大于按塑性分析方法确定的而小于按弹性分析方法确定的

D. 大于按弹性分析方法确定的而小于按塑性分析方法确定的

5.16.32　钢筋混凝土大偏心受压构件的破坏特征是_____。（　　）

A. 远离轴向力一侧的钢筋先受拉屈服，随后另一侧钢筋压屈，混凝土压碎

B. 远离轴向力一侧的钢筋应力不定，而另一侧钢筋压屈，混凝土压碎

C. 靠近轴向力一侧的钢筋和混凝土应力不定，而另一侧钢筋受压屈服，混凝土压碎

D. 靠近纵向力一侧的钢筋和混凝土先屈服和压碎，而远离纵向力一侧的钢筋随后受拉屈服。

5.16.33　钢筋混凝土偏心受压构件，其大小偏心受压的根本区别是_____。（　　）

A. 截面破坏时，受拉钢筋是否屈服

B. 截面破坏时，受压钢筋是否屈服

C. 偏心距的大小

D. 受压一侧混凝土是否达到极限压应变值

5.16.34　在钢筋混凝土双筋梁、大偏心受压和大偏心受拉构件的正截面承载力计算中，要求受压区高度 $x \geqslant 2a'_s$ 是为了_____。（　　）

A. 保证受压钢筋在构件破坏时能达到其抗压强度设计值

B. 防止受压钢筋压屈

C. 避免保护层剥落

D. 保证受压钢筋在构件破坏时能达到极限抗压强度

5.16.35　某矩形截面短柱，截面尺寸为 $400\text{mm} \times 400\text{mm}$，混凝土强度等级为 C20，钢筋用 HRB335 级，对称配筋，在下列四组不利内力组合中，以_____为最不利组合。（　　）

A. $M = 30\text{kN} \cdot \text{m}$，$N = 200\text{kN}$

B. $M=50$kN·m, $N=400$kN

C. $M=30$kN·m, $N=205$kN

D. $M=50$kN·m, $N=405$kN

5.16.36 轴向压力 N 对构件抗剪承载力 V_u 的影响是_____。 ( )

A. 不论 N 的大小,均可提高构件的抗剪承载力 V_u

B. 不论 N 的大小,均会降低构件的 V_u

C. N 适当时提高构件的 V_u,N 太大时降低构件的 V_u

D. N 大时提高构件的 V_u,N 小时降低构件的 V_u

5.16.37 对于高度、截面尺寸、配筋以及材料强度完全相同的柱,以支承条件为_____时,其轴心受压承载力最大。( )

A. 两端嵌固

B. 一端嵌固,一端不动铰支

C. 两端不动铰支

D. 一端嵌固,一端自由

5.16.38 预应力混凝土施工采用先张法或后张法,其适用范围分别是_____。 ( )

A. 先张法适用于工厂预制构件,后张法适用于现浇构件

B. 先张法宜用于工厂预制的中、小型构件,后张法宜用于大型构件及现浇构件

C. 先张法宜用于中小型构件,后张法宜用于大型构件

D. 先张法宜用于通用构件和标准构件,后张法宜用于非标准构件

5.16.39 预应力钢筋的预应力损失,包括锚具变形损失(σ_{l1}),摩擦损失(σ_{l2}),温度损失(σ_{l3}),钢筋松弛损失(σ_{l4}),混凝土收缩、徐变损失(σ_{l5}),局部挤压损失(σ_{l6})。设计计算时,预应力损失的组合,在混凝土预压前为第一批,预压后为第二批。对于先张法构件预应力损失的组合是_____。 ( )

A. 第一批 $\sigma_{l1}+\sigma_{l2}+\sigma_{l4}$；第二批 $\sigma_{l5}+\sigma_{l6}$

B. 第一批 $\sigma_{l1}+\sigma_{l2}+\sigma_{l3}$；第二批 σ_{l6}

C. 第一批 $\sigma_{l1}+\sigma_{l2}+\sigma_{l3}+\sigma_{l4}$；第二批 σ_{l5}

D. 第一批 $\sigma_{l1}+\sigma_{l2}$；第二批 $\sigma_{l4}+\sigma_{l5}+\sigma_{l6}$

5.16.40 无粘结预应力混凝土适用于_____。（   ）

A. 现浇预应力混凝土楼（屋）盖

B. 抗震的预应力混凝土楼（屋）盖

C. 处于高温环境的混凝土楼（屋）盖

D. 处于有化学侵蚀介质环境的混凝土楼（屋）盖

(17) 钢结构模拟题

5.17.1 _____含量提高，则钢材的强度提高，塑性、韧性、冷弯性和可焊性均变差。（   ）

A. 碳　　　B. 氧　　　C. 磷　　　D. 氮

5.17.2 四种钢号相同而厚度不同的钢板，其中_____mm 厚的钢板强度最低。（   ）

A. 8　　　B. 12　　　C. 20　　　D. 25

5.17.3 钢材的疲劳破坏属于_____破坏。（   ）

A. 脆性　　B. 塑性　　C. 弹性　　D. 弹塑性

5.17.4 _____对钢材的疲劳强度影响不显著。（   ）

A. 应力集中程度　　　　B. 应力循环次数

C. 钢材的强度　　　　　D. 应力比

5.17.5 北方某严寒地区（温度低于 $-20℃$）一露天仓库起重量大于 50t 的中级工作制吊车梁，其钢材应选择_____钢。（   ）

A. Q235-A　　B. Q235-B　　C. Q235-C　　D. 16Mn

5.17.6 焊接残余应力对构件的_____无影响。（   ）

A. 刚度　　　　　　　　B. 静力强度

C. 疲劳强度　　　　　　D. 整体稳定性

5.17.7 在抗拉连接中采用摩擦型高强度螺栓或承压型高

强度螺栓，承载力设计值_____。 （　　）
A. 是后者大于前者　　　　B. 是前者大于后者
C. 相等　　　　　　　　　D. 不一定相等

5.17.8　双轴对称工字形截面简支梁，有跨中集中荷载作用于腹板平面内，作用点位于_____时整体稳定性最好。（　　）
A. 形心位置　　　　　　　B. 上翼缘
C. 下翼缘　　　　　　　　D. 形心与上翼缘之间

5.17.9　一简支梁当_____时整体稳定性最差。（　　）
A. 两端纯弯矩作用
B. 满跨均布荷载作用
C. 跨中集中荷载作用
D. 满跨均布荷载与跨中集中荷载共同作用

5.17.10　配置加劲肋是提高焊接组合梁腹板局部失稳的有效措施。当 $h_0/t_w > 170\sqrt{235/f_y}$ 时，_____。（　　）
A. 可能发生剪切失稳，应配置横向加劲肋
B. 可能发生弯曲失稳，应配置纵向加劲肋
C. 剪切失稳与弯曲失稳均可能发生，应同时配置纵向加劲肋和横向加劲肋
D. 可能发生剪切失稳，应配置横向加劲肋

5.17.11　对长细比很大的轴心压杆，提高其整体稳定性的有效措施之一是_____。（　　）
A. 提高钢材强度　　　　　B. 增加支座约束
C. 减少回转半径　　　　　D. 减小荷载

5.17.12　计算格构式压杆绕虚轴 x 弯曲的整体稳定性时，其稳定系数，应根据_____查表确定。（　　）
A. λ_x　　B. λ_{0x}　　C. λ_y　　D. λ_{0y}

5.17.13　计算图 5-102 所示格构式压弯构件绕虚轴的整体稳定性时，截面抵抗矩 $W_{1x} = I_x/y_0$，其中 $y_0 =$ _____。（　　）
A. y_1　　B. y_2　　C. y_3　　D. y_4

5.17.14 梯形屋架的端斜杆和受较大节间荷载作用的屋架上弦杆的合理截面形式是两个_____。（　　）

A. 等肢角钢相连
B. 不等肢角钢相连
C. 不等肢钢长肢相连
D. 等肢角钢十字相连

5.17.15 塑性设计与弹性设计比较，板件的宽厚比限值_____。（　　）

A. 不变
B. 是前者大于后者
C. 是后者大于前者
D. 不一定相等

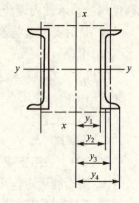

图 5-102　题 5.17.13 图

5.17.16 深仓和浅仓的区别在于：_____。（　　）

A. 在垂直荷载作用下，深仓的仓壁按深梁计算，浅仓的仓壁按普通梁计算
B. 计算深仓贮料压力时，必须考虑贮料与仓壁间的摩擦力，浅仓则不考虑
C. 深仓贮料压力按朗金土压力公式计算，浅仓贮料压力按修正的杨森公式计算
D. 仓壁的加劲肋布置原则不同

5.17.17 图 5-103 所示等肢角钢（∟140×10）与节点板采用 L 形焊缝连接。

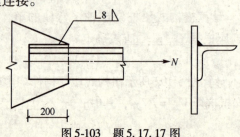

图 5-103　题 5.17.17 图

已知：钢材用 Q235AF，手工焊 E43 型焊条，$f_f^w = 160\text{N/mm}^2$。则该连接能承受静力荷载产生的轴心拉力设计值 N 小于_____。   (   )

(提示：$N_1 = (K_1 - K_2)N$

$N_3 = 2K_2 N$

$h_f = 8\text{mm}$，$K_1 = 0.7$，$K_2 = 0.3$，$\beta_f = 1.22$)

A. 1020kN   B. 296.0kN   C. 672kN   D. 350.0kN

5.17.18 图 5-104 所示两块钢板用两块连接板和直角焊缝连接，已知 $f = 215\text{N/mm}^2$，$f_f^w = 160\text{N/mm}^2$，$h_f = 10\text{mm}$，该连接能承受静力荷载产生最大拉力_____。   (   )

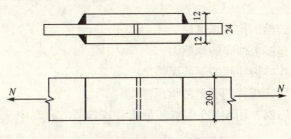

图 5-104　题 5.17.18 图

A. 403.2kN   B. 540.3kN   C. 218.7kN   D. 491.9kN

5.17.19 受剪螺栓可能出现五种破坏形式，其中_____等三种破坏需通过计算来防止。   (   )

A. 螺栓受剪、螺栓杆弯曲、孔壁挤压

B. 孔壁挤压、螺栓杆弯曲、钢板受剪

C. 螺栓受剪、孔壁挤压、钢板被拉断

D. 螺栓受剪，螺栓杆弯曲，钢板受剪

5.17.20 产生焊接残余应力的主要因素之一是_____。

(   )

A. 钢材塑性太低   B. 钢材弹性模量太高

C. 焊接时热量分布不均   D. 焊缝的厚度太小

5.17.21 摩擦型高强度螺栓连接与承压型高强度螺栓连接的主要区别是_____。 （　　）
 A. 摩擦面处理不同　　　　B. 材料不同
 C. 预拉力不同　　　　　　D. 设计计算方法不同

5.17.22 承压型高强度螺栓可用于_____。 （　　）
 A. 直接承受动力荷载
 B. 承受反复荷载作用的结构的连接
 C. 冷弯薄壁型钢结构的连接
 D. 承受静力荷载或间接承受动力荷载结构的连接

5.17.23 摩擦型高强度螺栓连接受剪破坏时，作用剪力超过了_____。 （　　）
 A. 螺栓的抗拉强度
 B. 连接板件间的摩擦力
 C. 连接板件间的毛截面强度
 D. 连接板件的孔壁的承压强度

5.17.24 图 5-105 中有四种梁柱连接节点，其中节点刚度最大的是_____。 （　　）

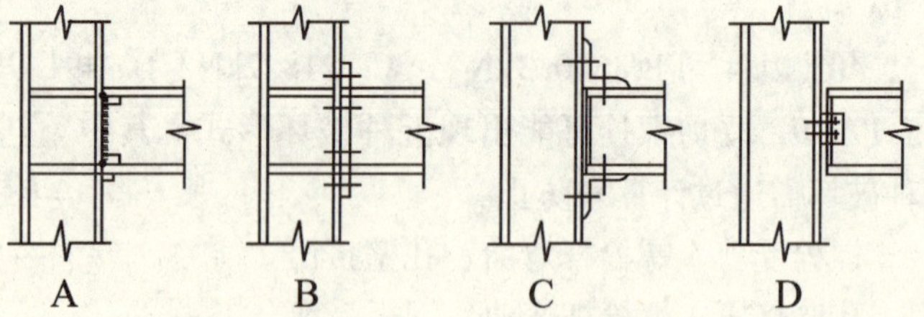

图 5-105　题 5.17.24 图

5.17.25 对于铰接柱脚的地脚锚栓，下列说法正确的是_____。 （　　）
 A. 地脚锚栓的直径应尽可能大，且应尽可能远离底板中央布置
 B. 地脚锚栓的直径应尽可能大，且应尽可能靠近底板中央

布置

C. 地脚锚栓的直径只需满足最小构造要求，且应尽可能远离底板中央布置

D. 地脚锚栓的直径只需满足最小构造要求，且应尽可能靠近底板中央布置

5.17.26 钢结构连接中所使用的焊条应与被连接构件的强度相匹配，通常在被连接构件选用 Q345 时，焊条选用_____。 （   ）

A. E55 B. E50
C. E43 D. 前三种均可

5.17.27 为保证摩擦型高强度螺栓连接的强度，须做摩擦系数试验。测出的摩擦系数应该_____。 （   ）

A. 小于设计值 B. 大于等于设计值
C. 不大于设计值 D. 越小越好

5.17.28 为保证摩擦型大六角头高强度螺栓连接的强度，须做扭矩试验。测出的扭矩系数应该_____。 （   ）

A. 小于规定值 B. 大于规定值
C. 越大越好 D. 越小越好

5.17.29 在同时考虑连接的可靠性和施工的方便性的情况下，对安装误差较大的，受静力荷载或间接受动力荷载的连接，应优先选用_____连接。 （   ）

A. 普通 C 级螺栓 B. 高强螺栓摩擦型连接
C. 高强螺栓承压型连接 D. 焊接

5.17.30 工厂内钢结构构件除锈方法中，最高效而少污染的方法是_____。 （   ）

A. 喷石英砂除锈 B. 酸洗除锈
C. 抛丸除锈 D. 人工除锈

(18) 砌体结构模拟题

5.18.1 我国烧结普通砖的规格尺寸为_____。 （   ）

A. 240mm×120mm×60mm B. 240mm×115mm×60mm
C. 240mm×115mm×53mm D. 240mm×120mm×53mm

5.18.2 块体强度等级的表示符号为_____。（ ）
A. MU　　　B. MW　　　C. MD　　　D. M

5.18.3 烧结普通砖的最低抗压强度为_____。（ ）
A. MU7.5　B. MU10　　C. MU12.5　D. MU15

5.18.4 烧结多孔砖的孔洞率应大于或等于_____。（ ）
A. 10%　　B. 15%　　　C. 20%　　　D. 25%

5.18.5 普通混凝土小型空心砌块的主规格尺寸为_____。（ ）
A. 400mm×200mm×200mm B. 400mm×190mm×190mm
C. 390mm×190mm×190mm D. 390mm×200mm×200mm

5.18.6 普通混凝土小型空心砌块的空心率应不小于_____。（ ）
A. 30%　　B. 25%　　　C. 20%　　　D. 15%

5.18.7 石材的最低强度等级为_____。（ ）
A. MU20　B. MU15　　C. MU10　　D. MU7.5

5.18.8 确定砂浆强度等级的立方体试块标准尺寸为_____。（ ）
A. 70.7mm×70.7mm×70.7mm
B. 100mm×100mm×100mm
C. 150mm×150mm×150mm
D. 200mm×200mm×200mm

5.18.9 砂浆的最低强度等级为_____。（ ）
A. M10　　　　　　　　B. M7.5
C. M5　　　　　　　　 D. M2.5

5.18.10 按《混凝土小型空心砌块砌筑砂浆》（JC 860—2000）的规定，混凝土小型空心砌块砌筑砂浆用_____符号标记。
（ ）

A. MU B. Mb
C. MW D. M

5.18.11 砖砌体轴心受压时，第一批裂缝出现时的压力约为破坏时压力的_____。（ ）

A. 20%~30% B. 30%~40%
C. 40%~50% D. 50%~70%

5.18.12 未灌孔砌体开裂荷载与破坏荷载之比平均值约为0.5，灌孔砌体开裂荷载与破坏荷载之比平均值为_____。

（ ）

A. 0.4 B. 0.5
C. 0.6 D. 0.7

5.18.13 下列各项中_____项不符合砌体施工质量控制等级为A级的要求？（ ）

A. 制度健全，并严格执行；非施工方质量监督人员经常到现场，或现场设有常驻代表；施工方有在岗专业技术管理人员，人员齐全，并持证上岗
B. 试块按规定制作，强度满足验收规定，离散性小
C. 机械拌和；配合比计量控制严格
D. 高、中级工不少于70%

5.18.14 强度等级与混凝土强度等级值之比为_____时混凝土的质量水平评为优良？（ ）

A. ≥100% B. ≥95%
C. ≥90% D. ≥85%

5.18.15 用强度等级相同的烧结普通砖和强度等级相同砂浆砌筑而成的砌体，各种强度设计值由高到低的排列顺序为_____。（ ）

A. 抗压＞沿齿缝弯曲抗拉＞沿齿缝轴心抗拉＞抗剪
B. 抗压＞沿齿缝轴心抗拉＞沿齿缝弯曲抗拉＞抗剪
C. 抗压＞抗剪＞沿齿缝轴心抗拉＞沿齿缝弯曲抗拉

D. 抗压 > 抗剪 > 沿齿缝弯曲抗拉 > 沿齿缝轴心抗拉

5.18.16 沿砌体灰缝截面破坏时,砌体抗拉强度设计值由高到低的排列顺序为_____。（ ）

A. 沿齿缝轴心抗拉 > 沿通缝弯曲抗拉 > 沿齿缝弯曲抗拉
B. 沿齿缝轴心抗拉 > 沿齿缝弯曲抗拉 > 沿通缝弯曲抗拉
C. 沿齿缝弯曲抗拉 > 沿齿缝轴心抗拉 > 沿通缝弯曲抗拉
D. 沿齿缝弯曲抗拉 > 沿通缝弯曲抗拉 > 沿齿缝轴心抗拉

5.18.17 砖砌体的泊松比平均值可取为_____。（ ）

A. 0.10 B. 0.15
C. 0.20 D. 0.25

5.18.18 烧结砖砌体的线膨胀系数为_____。（ ）

A. $5 \times 10^{-6}/℃$ B. $8 \times 10^{-6}/℃$
C. $10 \times 10^{-6}/℃$ D. $12 \times 10^{-6}/℃$

5.18.19 轻集料混凝土砌块砌体的收缩率为_____。
（ ）

A. $-0.10mm/m$ B. $-0.15mm/m$
C. $-0.20mm/m$ D. $-0.30mm/m$

5.18.20 与纵墙承重方案相比,横墙承重方案有哪些优点？（ ）

A. 楼盖结构一般采用钢筋混凝土板,楼盖结构比较经济,施工简便
B. 外纵墙不承重,可开较大门窗
C. 横墙数量较多,横向刚度较大
D. 布置灵活,改造容易

5.18.21 采用整体式、装配整体式和装配式无檩体系钢筋混凝土屋盖或钢筋混凝土楼盖的刚性方案房屋,其横墙间距应小于_____。（ ）

A. 72m B. 48m
C. 36m D. 32m

5.18.22 刚性和刚弹性方案房屋的横墙厚度不宜小于_____。 ( )
A. 240mm B. 200mm
C. 180mm D. 120mm

5.18.23 当横墙的最大水平位移值不大于_____时,可视为刚性和刚弹性方案的横墙。 ( )
A. $H/4000$ B. $H/3000$
C. $H/2000$ D. $H/1000$

5.18.24 砖混房屋当采用整体式或装配整体式钢筋混凝土屋盖和楼盖,且屋盖无保温层或隔热层时,伸缩缝的最大间距为_____。 ( )
A. 50m B. 40m
C. 35m D. 30m

5.18.25 5层以上房屋沉降缝的最小宽度应不小于_____。 ( )
A. 120mm B. 110mm
C. 80mm D. 60mm

5.18.26 计算上柔下刚多层房屋时,计算方案为_____。 ( )
A. 整个房屋按刚性方案房屋计算
B. 整个房屋按弹性方案房屋计算
C. 整个房屋按刚弹性方案房屋计算
D. 顶层按单层房屋计算,底层按刚性方案计算

5.18.27 毛石基础为荷载效应标准组合下基础底面处的平均压应力 $p_k \leq 100\text{kPa}$ 时,台阶宽高比的允许值为_____。
( )
A. 1:1.00 B. 1:1.25
C. 1:1.50 D. 1:2.00

5.18.28 毛石混凝土基础每个台阶的高度不应小于

_____。 ( )

A. 300mm B. 250mm
C. 200mm D. 150mm

5.18.29 砖砌平拱的净跨度不应超过_____。 ( )

A. 1.8m B. 1.5m
C. 1.2m D. 1.0m

5.18.30 钢筋砖过梁的净跨度不应超过_____。 ( )

A. 1.8m B. 1.5m
C. 1.2m D. 1.0m

(19) 桥梁工程模拟题

5.19.1 从力学上进行分类，桥梁可分成_____三种基本体系。 ( )

A. 梁式、拱式、悬吊式
B. 简支、悬臂、连续
C. 梁式、拱式、斜拉桥
D. 板桥、T 梁桥、箱形截面梁桥

5.19.2 跨越能力最大的桥型是_____。 ( )

A. 斜拉桥 B. 连续梁桥
C. 拱桥 D. 吊桥

5.19.3 对于普通钢筋混凝土简支梁桥，不宜采用的截面形式是_____。 ( )

A. T 形截面 B. 工字形截面
C. 箱形截面 D. 矩形截面

5.19.4 连续刚构桥的桥墩一般采用_____。 ( )

A. 重力式桥墩 B. 钢筋混凝土空心桥墩
C. 钢筋混凝土薄壁墩 D. 柱式桥墩

5.19.5 跨径大于和等于_____的桥称为特大桥。 ( )

A. 20m B. 40m
C. 100m D. 1000m

5.19.6 钢筋混凝土受弯构件中,由弯起钢筋承担的剪力设计值至多为_____。 （ ）
A. 40% B. 50%
C. 60% D. 70%

5.19.7 U形桥台的翼墙尾端上部应伸入路堤不小于_____m。 （ ）
A. 0.5 B. 0.75
C. 2.0 D. 1.0

5.19.8 采用刚性扩大基础,用混凝土浇筑时,其刚性角 α_{max} 应小于或等于_____。 （ ）
A. 40°~45° B. 35°~45°
C. 35°~50° D. 40°~60°

5.19.9 考虑桩与桩侧土的共同工作条件和施工的需要,钻（挖）孔摩擦桩中心距不得小于_____成孔直径。（ ）
A. 1.0倍 B. 2.0倍
C. 2.5倍 D. 3.0倍

5.19.10 顶推法施工适用于_____。 （ ）
A. 等截面预应力混凝土连续梁桥
B. 等截面钢筋混凝土连续梁桥
C. 变截面预应力混凝土连续刚构桥
D. 变截面预应力混凝土连续梁桥

5.19.11 无铰拱桥的受力状态与三铰拱桥相比,它的主要优点是_____。 （ ）
A. 水平推力较小 B. 内力较均匀
C. 温度次内力较小 D. 基础变位影响较小

5.19.12 大跨度混凝土拱桥主拱圈的截面高度拟定主要应考虑_____。 （ ）
A. 矢跨比 B. 活载
C. 跨径 D. 混凝土强度等级

5.19.13 连续刚构与T构相比，主要优点是_____。 （　　）
A. 施工方便　　　　　　B. 次内力小
C. 节省材料　　　　　　D. 使用效果好

5.19.14 箱梁的温度自应力由_____引起 （　　）
A. 箱梁翘曲　　　　　　B. 赘余约束
C. 非线性温度梯度　　　D. 季节性温差

5.19.15 双索面斜拉桥主梁梁高拟定主要应考虑_____。 （　　）
A. 纵向稳定性和局部弯曲刚度
B. 纵向稳定性和扭转
C. 抗风和扭转
D. 抗风和抗震

5.19.16 对同样跨径的悬索桥，影响其竖向刚度的主要因素是_____。 （　　）
A. 加劲梁尺寸　　　　　B. 大缆的重力刚度
C. 大缆的垂跨比　　　　D. 吊杆的尺寸

5.19.17 采用分项安全系数进行结构设计计算，主要是考虑到_____。 （　　）
A. 各种因素变化的概率不同
B. 极限状态的受力模式
C. 桥梁比其他结构更重要
D. 次内力的影响

5.19.18 在预应力混凝土结构中，施加预应力是为了_____。 （　　）
A. 提高结构的强度　　　B. 提高结构的刚度
C. 提高刚度和抗裂性　　D. 提高强度和稳定性

5.19.19 设计题一
设计资料：

地基土：密实细砂类砾石，$m = 10000 \text{kN/m}^2$；

桩身与土的极限摩阻力：$\tau = 70 \text{kPa}$；

地基土内摩擦角：$\phi = 40°$，粘聚力 $C = 0$；

地基土容许承载力：$[\sigma_0] = 400 \text{kPa}$；

土容重 $\gamma' = 11.80 \text{kN/m}^3$（已考虑浮力）；

桩的直径 $D = 1.65 \text{m}$；

桩身混凝土用 C20，其 $E_h = 2.6 \times 10^4 \text{MPa}$，$EI = 0.67 E_h I$，作用在桩最大冲刷线截面处的轴向力：$N = 2813.6 \text{kN}$。

计算内容：

1. 按摩擦桩计算桩的长度 h（最大冲刷线以下）；
2. 计算桩的计算宽度 b 和变形系数 α。

5.19.20 设计题二

某等截面圬工无铰板拱桥，主拱圈由 M10 砂浆砌 MU40 块石构成，主拱圈高 $d = 0.9 \text{m}$，净跨径 $l_0 = 40 \text{m}$，净矢高 $f_0 = 8 \text{m}$，拱轴线计算长度 $S = 44.9276 \text{m}$，横桥向取单位宽度计算，已知拱脚 $N_j = 1620.5 \text{kN}$，$e_0 = 0.0438 \text{m}$；试仅以拱脚截面为依据，验算主拱圈的纵向稳定性。

（20）高层建筑结构、高耸结构及地震作用模拟题

5.20.1 我国《高层建筑混凝土结构技术规程》(JGJ 3—2002) 将 10 层和 10 层以上或高度超过 ＿＿＿＿ 的钢筋混凝土房屋，称之为高层建筑。（ ）

A. 30m B. 28m

C. 26m D. 24m

5.20.2 在非地震区，现浇钢筋混凝土框架结构房屋适用的最大高度为 ＿＿＿＿ 。（ ）

A. 50m B. 60m

C. 70m D. 80m

5.20.3 如果梁、柱轴线间偏心距大于柱截面在该方向柱宽的 ＿＿＿＿ 时，可采取增设水平加腋等措施。（ ）

A. 1/4 B. 1/3
C. 1/2 D. 2/3

5.20.4 高度不大于_____或高宽比小于1.5的房屋结构，风振系数1.0。（ ）

A. 30m B. 28m
C. 26m D. 24m

5.20.5 框架结构在竖向荷载作用下的内力分析采用_____。（ ）

A. 分层法 B. 反弯点法
C. 门架法 D. D值法

5.20.6 框架结构在水平荷载作用下的内力分析采用_____。（ ）

A. 分层法 B. 底部剪力法
C. D值法 D. 时程分析法

5.20.7 框架梁顶面负筋与架立钢筋的搭接长度为_____。（ ）

A. 300mm B. 250mm
C. 200mm D. 150mm

5.20.8 一般剪力墙是指墙肢截面高度与厚度之比为_____的剪力墙。（ ）

A. >10 B. >8
C. >6 D. >5

5.20.9 为了使剪力墙有较好的延性，较长的剪力墙宜开设洞口，将其分成长度较均匀的若干墙段，墙段之间宜采用弱连梁连接，每个独立墙段的总高度与截面高度之比不应小于2，墙肢截面高度不宜大于_____。（ ）

A. 15m B. 12m
C. 10m D. 8m

5.20.10 由于地壳构造运动使地球深处岩石的应变超过容

许值，岩石发生断裂、错动而引起的地面振动，称为构造地震。构造地震约占破坏性地震总量的_____。 （　）

A. 90%　　　　　　　　B. 85%

C. 80%　　　　　　　　D. 75%

5.20.11　浅源地震的震源深度为_____。 （　）

A. ≤40km　　　　　　B. ≤50km

C. ≤60km　　　　　　D. ≤80km

5.20.12　震级是指_____。 （　）

A. 该地区历次地震释放能量大小的平均值

B. 该地区一次地震释放能量大小的等级

C. 该地区十次地震释放能量大小的总值

D. 该地区十次地震释放能量大小的平均值

5.20.13　里克特首先提出震级的定义，称为里氏震级。里氏震级系利用标准地震仪距震中_____处记录的以微米为单位的最大水平地面位移的常用对数值。 （　）

A. 200km　　　　　　B. 180km

C. 150km　　　　　　D. 100km

5.20.14　特大地震的震级为_____。 （　）

A. >5　　　　　　　　B. >6

C. >7　　　　　　　　D. >8

5.20.15　地震烈度是指地震时在一定地点震动的强烈程度。我国将地震烈度划分为_____。 （　）

A. 8个等级　　　　　　B. 10个等级

C. 11个等级　　　　　D. 12个等级

5.20.16　烈度为8度时，人的感觉是_____。 （　）

A. 坐立不稳，行走的人可能摔跤

B. 摇晃颠簸，行走困难

C. 惊慌失措，仓惶出逃

D. 大多数人梦中惊醒

5.20.17 震害等级 $i = 0.8$ 时建筑物的破坏情况为_____。 （ ）
A. 大部分倒塌　　　　　B. 少部分倒塌
C. 局部倒塌　　　　　　D. 基本完好

5.20.18 我国地震烈度的概率密度函数符合_____。
（ ）
A. 正态分布　　　　　　B. 对数正态分布
C. 极值Ⅰ型分布　　　　D. 极值Ⅲ型分布

5.20.19 大震烈度50年的超越概率为_____。（ ）
A. 2%~3%　　　　　　B. 4%~6%
C. 6%~8%　　　　　　D. 8%~10%

5.20.20 抗震设防烈度为7度时，框架结构的最大适用高度为_____。 （ ）
A. 65m　　　　　　　　B. 60m
C. 55m　　　　　　　　D. 50m

5.20.21 抗震设防烈度为7度时，板柱-剪力墙结构的最大适用高度为_____。 （ ）
A. 65m　　　　　　　　B. 60m
C. 45m　　　　　　　　D. 35m

5.20.22 抗震设防烈度为8度和9度时，跨度大于_____的楼盖或屋盖应计算竖向地震作用效应。 （ ）
A. 18m　　　　　　　　B. 24m
C. 30m　　　　　　　　D. 36m

5.20.23 考虑抗震设计时，对于抗震等级为三级的框架柱，轴压比的限值为_____。 （ ）
A. 0.6　　　　　　　　B. 0.7
C. 0.8　　　　　　　　D. 0.9

5.20.24 抗震设计时，对于抗震等级为二级的框架梁，计入受压钢筋作用的梁端截面混凝土受压区高度与有效高度之比

不应大于_____。 ( )

A. 0.45 B. 0.35
C. 0.25 D. 0.20

5.20.25 抗震等级为二级的剪力墙,底部加强部位剪力墙截面的最小厚度为_____。 ( )

A. 250mm B. 200mm
C. 180mm D. 160mm

5.20.26 抗震等级为三级的剪力墙,分布钢筋的最小配筋率为_____。 ( )

A. 0.15% B. 0.20%
C. 0.25% D. 0.30%

5.20.27 在同一地区的下列地点建造相同设计的高层建筑,所受风力最大的是_____。 ( )

A. 建在海岸
B. 建在大城市郊区
C. 建在小城镇
D. 建在有密集建筑群的大城市市区

5.20.28 计算高层建筑风荷载标准值时,取风振系数 $\beta_z >$ 1 的标准是_____。 ( )

A. 高度大于 50m 的高层建筑
B. 高度大于 30m 且高宽比大于 1.5 的高层建筑
C. 高度大于 50m 且高宽比大于 1.5 的高层建筑
D. 高宽比大于 5.0 的高层建筑

5.20.29 某十二层的框架-剪力墙结构,抗震设防烈度为8度近震,Ⅱ类场地,基本周期 $T_1 = 1.0s$,结构总重力荷载代表值 $G_E = \sum_{j=1}^{n} G_j = 81450 \text{kN}$,按底部剪力法计算时,其结构总水平地震作用标准值 F_{Ek} 为_____。 ( )

A. 4409.8kN B. 1874.2kN

C. 3748.3kN   D. 2204.9kN

5.20.30 某10层的框架结构，基本自振周期 $T_1 = 1.0s$，Ⅲ类场地、近震，采用底部剪力法计算时，结构总水平地震作用标准值 $F_{Ek} = 3000kN$，其顶部附加水平地震作用标准值 ΔF_n 为_____。 （　　）

A. 450kN   B. 300kN
C. 270kN   D. 180kN

5.20.31 某一高度 $H = 25m$、高宽比 $H/B_{max} > 4$、长宽比 $L/B_{max} < 1.5$ 的矩形平面高层建筑，位于大城市郊区，基本风压 $W_0 = 0.55kN/m^2$，其顶部风荷载标准值 W_k 为_____。 （　　）

A. $W_k = 1.028kN/m^2$ B. $W_k = 1.131kN/m^2$
C. $W_k = 0.881kN/m^2$ D. $W_k = 0.969kN/m^2$

5.20.32 某一钢筋混凝土框架-剪力墙结构为丙类建筑，高度为60m，设防烈度8度，Ⅰ类场地，其剪力墙的抗震等级为_____。 （　　）

A. 一级   B. 二级
C. 三级   D. 四级

5.20.33 某高层建筑结构基本自振周期 $T_1 = 1.2s$，Ⅱ类场地，带有局部突出于屋顶的塔楼，塔楼的平面尺寸在纵横方向均不小于主体屋顶平面尺寸的3/4，采用底部剪力法计算时，塔楼的地震作用的计算为_____。 （　　）

A. 按局部突出屋顶的小塔楼计算
B. 按主体结构一样计算
C. 突出屋面的塔楼作为一个质点参加计算，计算求得的塔楼水平地震作用应增大3倍
D. 突出屋面的塔楼作为一个质点参加计算，计算求得的塔楼水平地震作用应增大 β_n 倍

5.20.34 抗震等级为二级的框架结构，框架柱的剪力设计值 V_c 应如何确定？ （　　）

A. 剪力设计值取考虑水平荷载组合的剪力设计值

B. $V_c = 1.1 \dfrac{M_{cnE}^t + M_{cuE}^b}{H_{c0}}$

C. $V_c = 1.1 \dfrac{M_c^t + M_c^b}{H_{c0}}$

D. $V_c = \dfrac{M_c^t + M_c^b}{H_{c0}}$

5.20.35 已经计算完毕的框架结构,后来又加上一些剪力墙,是否更安全可靠? ( )

A. 更安全

B. 不安全

C. 下部楼层的框架可能不安全

D. 顶部楼层的框架可能不安全

5.20.36 框支剪力墙托梁上方墙体开洞后,对托梁内力的影响是_____。 ( )

A. 托梁的弯矩和剪力会增大

B. 托梁的弯矩和剪力会减少

C. 托梁的轴向拉力会增大

D. 托梁的弯矩增大而剪力减少

5.20.37 在高层建筑结构的计算中,下列哪种计算需要采用等效刚度? ( )

A. 在框架结构内力计算中　　B. 在剪力墙结构内力计算中

C. 在进行内力协同计算中　　D. 在进行位移计算中

5.20.38 在结构平面中布置有钢筋混凝土电梯井,按框架计算是否安全? ( )

A. 偏于安全　　　　　　　　B. 不一定

C. 偏于不安全　　　　　　　D. 有时候偏于安全

5.20.39 按我国《高规》规定,满足下列哪种条件的剪力墙可按整体小开口墙计算? ( )

A. 当剪力墙孔洞面积与墙面面积之比不大于0.16

B. $\alpha \geqslant 10$; $\dfrac{I_n}{I} \leqslant \zeta$

C. $\alpha < 10$; $\dfrac{I_n}{I} \leqslant \zeta$

D. $\alpha \geqslant 10$; $\dfrac{I_n}{I} > \zeta$

5.20.40 设防烈度7度,屋面高度 $H = 40m$ 相同的高层建筑结构,哪种结构类型的防震缝的最小宽度最大? (   )

A. 框架结构　　　　　　B. 框架-剪力墙结构
C. 剪力墙结构　　　　　　D. 三种类型的结构一样大

(21) 土力学与地基基础模拟题

5.21.1 土颗粒的大小及其级配,通常是用粒径级配曲线来表示的。级配曲线越平缓,则表示_____。(   )

A. 土颗粒大小较均匀,级配良好
B. 土颗粒大小不均匀,级配不良
C. 土颗粒大小不均匀,级配良好
D. 土颗粒大小较均匀,级配不良

5.21.2 在工程实践中,毛细水上升对土的冻胀有重要影响。下列情况,出现何种组合时,冻胀的危害最严重?Ⅰ. 地下水位变化大,Ⅱ. 黏土层厚度大,Ⅲ. 毛细带接近地面,Ⅳ. 粉土层厚度大,Ⅴ. 砂土层厚度大,Ⅵ. 气温低,负温度时间长。

(   )

A. Ⅰ Ⅱ Ⅵ　　　　　　B. Ⅲ Ⅳ Ⅵ
C. Ⅲ Ⅴ Ⅵ　　　　　　D. Ⅰ Ⅳ Ⅵ

5.21.3 已知一个土样,测得天然重度 $\gamma = 17kN/m^3$,干重度 $\gamma_d = 13kN/m^3$,饱和重度 $\gamma_{sat} = 18.2kN/m^3$,则该土样的天然含水量 w 应为多少?(水重度 $\gamma_w = 10kN/m^3$) (   )

A. $w = 30.8\%$　　　　　　B. $w = 40\%$
C. 30.6　　　　　　　　　D. $w = 28.6\%$

5.21.4 已知某土样的天然重度 $\gamma = 18kN/m^3$，有效重度 $\gamma' = 9kN/m^3$，干重度 $\gamma_d = 13kN/m^3$，液性指数 $I_L = 1.0$，试问该土的液限为多少？　　　　　　　　　　　（　　）

A. $\omega_L = 38.5\%$　　　　　　B. $w_L = 46.2\%$
C. $w_L = 69.2\%$　　　　　　　D. $w_L = 30.8\%$

5.21.5 某地基土的压缩模量 $E_s = 17MPa$，此土为_____。　　　　　　　　　　　　　　　　（　　）

A. 高压缩性土　　　　　　B. 中压缩性土
C. 低压缩性土　　　　　　D. 一般压缩性土

5.21.6 在冻土地基上的不采暖房屋基础的最小埋深，当土的冻胀性类别为强冻胀土时，应为_____。（　　）

A. 与冰冻深度无关　　　　B. 浅于冰冻深度
C. 等于冰冻深度　　　　　D. 深于冰冻深度

5.21.7 当新建筑物基础深于既有（旧）建筑物基础时，新旧建筑物相邻基础之间应保持的距离一般可为两相邻基础底面标高差的_____。　　　　　　　　　（　　）

A. 0.5～1倍　　　　　　　B. 1～2倍
C. 2～3倍　　　　　　　　D. 3～4倍

5.21.8 计算地基变形时，传至基础底面上的荷载应按_____。　　　　　　　　　　　　　　　　（　　）

A. 基本组合，荷载采用设计值
B. 长期效应组合，荷载采用标准值
C. 基本组合，荷载采用标准值
D. 长期效应组合，荷载采用设计值

5.21.9 混凝土灌注桩的桩身混凝土强度等级不得低于_____。　　　　　　　　　　　　　　　　（　　）

A. C15　　　　　　　　　　B. C20
C. C25　　　　　　　　　　D. C30

5.21.10 高层建筑基础埋深，当采用天然地基时可不小于

建筑物高度的_____。 ( )

A. $\dfrac{1}{10}$ B. $\dfrac{1}{12}$

C. $\dfrac{1}{15}$ D. $\dfrac{1}{18}$

5.21.11 单层排架结构柱基是以_____控制的。( )

A. 沉降差 B. 沉降量
C. 倾斜 D. 局部倾斜

5.21.12 地基处理的换填法垫层厚度应由_____。
( )

A. 下卧土层的承载力确定
B. 基础底面应力扩散角确定
C. 垫层的密实程度确定
D. 垫层的承载力确定

5.21.13 对膨胀土地基上的建筑物_____。 ( )

A. 不必验算地基变形量
B. 在一定条件下须验算地基变形量
C. 都要验算地基变形量
D. 验算承载力后可不验算地基变形量

5.21.14 挡土墙的抗倾覆稳定安全系数 K 要求_____。
( )

A. $K \geqslant 1.0$ B. $K \geqslant 1.3$
C. $K \geqslant 1.5$ D. $K \geqslant 2.0$

5.21.15 挡土墙每隔_____应设置一道伸缩缝。( )

A. 50~60m B. 30~40m
C. 20~30m D. 10~20m

5.21.16 有两个黏土层,土的性质相同,厚度相同,排水边界条件也相同,若地面瞬时施加无穷均布荷载不同,试问经过相同时间后,土层的固结度和沉降有何差异? ( )

A. 固结度相同,沉降相同 B. 固结度不同,沉降相同

C. 固结度相同，沉降不同　　D. 固结度不同，沉降不同

5.21.17　有一个砂土试样，进行直接剪切试验，竖向压力 $p=100\text{kPa}$，破坏时剪应力 $\tau=57.7\text{kPa}$，试问大主应 σ_1 及其方向如何？　　　　　　　　　　　　　　　　　（　　）

A. $\sigma_1 \approx 200\text{kPa}$，与破坏面夹角 $30°$

B. $\sigma_1 \approx 200\text{kPa}$，与破坏面夹角 $60°$

C. $\sigma_1 \approx 166.6\text{kPa}$，与破坏面夹角 $30°$

D. $\sigma_1 \approx 133.3\text{kPa}$，与破坏面夹角 $60°$

5.21.18　计算题

按朗金土压力理论确定主动土压力合力值。墙背竖直、光滑，墙高 5.5m；墙后填土面水平，填土面上超载为 9kPa；填土重度 $\gamma = 18\text{kN/m}^3$，抗剪强度指标为 $\varphi=30°$，$C=0$。

(22) 职业法规模拟题

5.22.1　我国的建设行政法规是由_____颁发的。（　　）

A. 全国人民代表大会常委会

B. 国务院

C. 建设部

D. 建设部与国务院其他部门联合发布

5.22.2　《中华人民共和国建筑法》立法目的是为了加强对_____的监督管理。　　　　　　　　　　　　（　　）

A. 建筑活动　　　　　　B. 建筑市场

C. 工程质量　　　　　　D. 施工单位

5.22.3　《建设工程质量管理条例》中关于房屋建筑的地基基础和主体结构工程的质量保修期限为_____。（　　）

A. 5 年　　　　　　　　B. 3 年

C. 该工程的合理使用年限　D. 无限期保修

5.22.4　设计实行公开招投标时，评标和定标的依据可不考虑_____。　　　　　　　　　　　　　　　　（　　）

A. 设计方案优劣

B. 投入产品经济效益的好坏

C. 设计图纸清晰、美观

D. 设计进度的快慢

5.22.5 建设部（1995）230号文件规定，大中城市建筑的设计项目自1995年4月1日起由两阶段改为三个阶段，即_____三个阶段。　　　　　　　　　　（　　）

A. 初步设计阶段　　　　B. 技术设计阶段

C. 方案设计阶段　　　　D. 事前考察阶段

E. 施工图阶段

5.22.6 初步设计阶段必须具备_____才能进行。（　　）

A. 只要做好方案草图后

B. 只要方案经过建设行政主管部门审批后

C. 只要兴建方同意的方案

5.22.7 施工图设计阶段必须具备_____才能进行。

（　　）

A. 只要有经过审批的方案设计

B. 只要兴建方同意的设计方案

C. 只有经过建设行政主管部门审批的初步设计

D. 公开招投标中标的方案

5.22.8 在初步设计概算文件中，应提供_____主要建筑材料表。　　　　　　　　　　　　　　　　（　　）

A. 钢材、木材、水泥

B. 钢材、木材、水泥、管材

C. 钢材、有色金属、砖瓦、水泥、玻璃、木材

D. 所有国家计划统拨材料

5.22.9 在我国建筑工程的招标投标规定中，投标保证金或押金用于_____。　　　　　　　　　　　（　　）

A. 投标超出标底

B. 工程质量低劣

C. 投标单位拒绝承担中标的工程任务

D. 工程进度不能按计划要求完成

5.22.10 根据《中华人民共和国经济合同法》以及国务院《建设工程勘察设计合同条例》，以下各答案中_____为错误选择。（　　）

在委托方根据设计合同已向承包方支付了初步设计的设计费以后。

①委托方有权自行对设计进行修改；

②委托方有权把初步设计转让给第三方重复使用；

③委托方有权在未经双方协商同意的情况下，委托另一设计单位进行本项目的施工图设计；

④委托方有权在未经双方协商的情况下，即向仲裁机构申请对双方发生的纠纷进行仲裁。

A. ①　　　　　　　　　B. ①②
C. ①②③　　　　　　　D. ①②③④

5.22.11 在承接某项境外设计任务时，业主要求工程师按国际惯例承担任务，即在施工阶段，要定期下工地了解工程进度及质量情况，并据以签署承包商提出的分期付款证明书，由业主拨款，如该工程已进行了约60%，工程师发现部分施工不符合质量要求，应采取的措施为_____。（　　）

A. 业主立即下令停工

B. 工程师建议业主给承包商发出书面通知，如承包商在规定天数内未取改正措施时，下令终止合同

C. 工程师询问业主是否愿意在扣减付款的条件下接受该项不合格工程，然后作出行动

D. 工程师在业主知晓的情况下，拒绝不合格工程并通知承包商立即改正，然后建议业主向承包商发出限期改正的书面通知

5.22.12 大型、中型项目需要几个、甚至十几个设计单位

共同进行设计时,应该_____进行设计。 （   ）

A. 各单位各自为证,分别完成自己接受的任务
B. 参加会战的各设计单位共同协商、开圆桌会议解决设计中的问题
C. 由建设行政主管部门指定其中一设计单位为主体设计单位。负责组织各个设计单位相互协作,负责编制总体设计、编写设计文件总说明,汇编总概预算
D. 由建设单位组织各设计单位会战

5.22.13 勘察设计单位改革的方向是_____。 （   ）

A. 走技术经济责任制的道路
B. 走专业化合作的道路
C. 走工程承包和国外合作设计的道路
D. 走企业化、社会化的道路

5.22.14 勘察设计单位改革的目的是_____。 （   ）

A. 是调动广大工程技术人员的积极性,做出技术水平高,经济效益好,具有现代化水平的设计
B. 达到国营、集体和个体设计并存,八仙过海,各显神通,不择手段开展竞争
C. 达到职工共同富裕,职工可以从多方面、多渠道搞业余设计
D. 达到发扬技术民主,繁荣设计创作,练好内功

5.22.15 勘察市场僧多粥少,竞争非常激烈,建设行政主管部门要进行严格管理,以下几点中_____是错误的。

（   ）

A. 为了扶植一些资质等级较低的设计单位,虽然不属于自己管辖权限,可以越权审批方案和初步设计
B. 为了帮助一些技术力量差、设备设施、场地都没有具备的单位上马,审查资质放它一马,超越资格管理权限,颁发勘察设计证书,让它自生自灭

C. 严格资格审查，无证不能设计，越级设计要单项报批；不能出卖图签图章；不能搞"地下设计"；不能借"技术咨询"搞设计；不能私拉、乱雇别单位在职人员搞设计；不能冒用持证设计单位和骗取设计图章搞设计……

D. 勘察设计招、投标时，标书由兴建方自行制订；评标开标按兴建方意图办，为了省事，个别搞招、投标走过场，兴建方自行议标评定

5.22.16 勘察设计方案、招投标方案、初步设计审批由_____主持。 （ ）

A. 开发区工程建设指挥部　　B. 建设行政主管部门
C. 建设单位基建处　　　　　D. 由专家组成的评审委员会

5.2 考试模拟题答案

(1) 高等数学模拟题答案

5.1.1　A	5.1.2　B	5.1.3　B	5.1.4　A
5.1.5　D	5.1.6　B	5.1.7　B	5.1.8　D
5.1.9　C	5.1.10　A	5.1.11　A	5.1.12　B
5.1.13　B	5.1.14　C	5.1.15　B	5.1.16　A
5.1.17　A	5.1.18　A	5.1.19　D	5.1.20　A
5.1.21　A	5.1.22　A	5.1.23　A	5.1.24　B
5.1.25　A	5.1.26　A	5.1.27　C	5.1.28　D
5.1.29　A	5.1.30　B		

(2) 普通物理模拟题答案

5.2.1　C	5.2.2　C	5.2.3　B	5.2.4　C
5.2.5　D	5.2.6　A	5.2.7　B	5.2.8　D
5.2.9　B	5.2.10　D	5.2.11　A	5.2.12　B
5.2.13　D	5.2.14　D	5.2.15　D	5.2.16　C
5.2.17　C	5.2.18　B	5.2.19　A	5.2.20　D

5.2.21 A	5.2.22 B	5.2.23 A	5.2.24 B
5.2.25 C	5.2.26 C	5.2.27 D	5.2.28 C
5.2.29 B	5.2.30 D		

(3) 化学模拟题答案

5.3.1 C	5.3.2 B	5.3.3 C	5.3.4 B
5.3.5 C	5.3.6 A	5.3.7 B	5.3.8 A
5.3.9 D	5.3.10 C	5.3.11 D	5.3.12 A
5.3.13 C	5.3.14 A	5.3.15 A	5.3.16 B
5.3.17 D	5.3.18 B	5.3.19 C	5.3.20 D
5.3.21 C	5.3.22 D	5.3.23 B	5.3.24 A
5.3.25 B	5.3.26 C	5.3.27 B	5.3.28 B
5.3.29 B	5.3.30 A		

(4) 土木工程材料模拟题答案

5.4.1 A	5.4.2 C	5.4.3 B	5.4.4 D
5.4.5 B	5.4.6 C	5.4.7 A	5.4.8 B
5.4.9 C	5.4.10 D	5.4.11 A	5.4.12 B
5.4.13 C	5.4.14 A	5.4.15 B	5.4.16 C
5.4.17 D	5.4.18 A	5.4.19 B	5.4.20 C
5.4.21 D	5.4.22 B	5.4.23 B	5.4.24 A
5.4.25 B	5.4.26 C	5.4.27 C	5.4.28 A
5.4.29 D	5.4.30 D		

(5) 理论力学模拟题答案

5.5.1 A	5.5.2 A	5.5.3 C	5.5.4 B
5.5.5 C	5.5.6 C	5.5.7 B	5.5.8 C
5.5.9 D	5.5.10 A	5.5.11 C	5.5.12 C
5.5.13 C	5.5.14 A	5.5.15 C	5.5.16 D
5.5.17 B	5.5.18 B	5.5.19 A	5.5.20 A
5.5.21 B	5.5.22 B	5.5.23 C	5.5.24 C
5.5.25 B	5.5.26 D	5.5.27 A	5.5.28 C

5.5.29　B　　　5.5.30　B

（6）材料力学模拟题答案

5.6.1　D	5.6.2　D	5.6.3　C	5.6.4　D
5.6.5　C	5.6.6　D	5.6.7　D	5.6.8　B
5.6.9　C	5.6.10　C	5.6.11　B	5.6.12　A
5.6.13　C	5.6.14　A	5.6.15　B	5.6.16　A
5.6.17　C	5.6.18　A	5.6.19　A	5.6.20　D
5.6.21　B	5.6.22　C	5.6.23　D	5.6.24　B
5.6.25　C	5.6.26　A	5.6.27　D	5.6.28　B
5.6.29　C	5.6.30　A		

（7）结构力学模拟题答案

5.7.1　C	5.7.2　A	5.7.3　D	5.7.4　A
5.7.5　C	5.7.6　B	5.7.7　A	5.7.8　D
5.7.9　D	5.7.10　D	5.7.11　D	5.7.12　D
5.7.13　D	5.7.14　B	5.7.15　D	5.7.16　B
5.7.17　D	5.7.18　A	5.7.19　D	5.7.20　B
5.7.21　C	5.7.22　B	5.7.23　C	5.7.24　A
5.7.25　C	5.7.26　A	5.7.27　D	5.7.28　C
5.7.29　B	5.7.30　C		

（8）流体力学模拟题答案

5.8.1　C	5.8.2　B	5.8.3　C	5.8.4　A
5.8.5　B	5.8.6　B	5.8.7　B	5.8.8　C
5.8.9　B	5.8.10　C	5.8.11　B	5.8.12　B
5.8.13　D	5.8.14　D	5.8.15　B	5.8.16　C
5.8.17　C	5.8.18　B	5.8.19　A	5.8.20　C
5.8.21　C	5.8.22　B	5.8.23　B	5.8.24　B
5.8.25　C	5.8.26　A	5.8.27　A	5.8.28　A
5.8.29　B	5.8.30　C		

（9）电工电子技术模拟题答案

5.9.1　A	5.9.2　B	5.9.3　A	5.9.4　B

5.9.5　C	5.9.6　C	5.9.7　A	5.9.8　A
5.9.9　C	5.9.10　C	5.9.11　C	5.9.12　A
5.9.13　D	5.9.14　D	5.9.15　B	5.9.16　B
5.9.17　A	5.9.18　B	5.9.19　D	5.9.20　B

（10）工程经济模拟题答案

5.10.1　C	5.10.2　A	5.10.3　C	5.10.4　C
5.10.5　C	5.10.6　D	5.10.7　C	5.10.8　D
5.10.9　A	5.10.10　B	5.10.11　B	5.10.12　B
5.10.13　C	5.10.14　B	5.10.15　B	
5.10.16　A、C、D		5.10.17　A、C、D、F	
5.10.18　A、B、C、D		5.10.19　A、C	
5.10.20　A、C、E、F			

（11）计算机应用基础模拟题答案

5.11.1　A	5.11.2　D	5.11.3　B	5.11.4　A
5.11.5　C	5.11.6　B	5.11.7　B	5.11.8　A
5.11.9　A	5.11.10　A	5.11.11　C	5.11.12　C
5.11.13　D	5.11.14　C	5.11.15　C	5.11.16　D
5.11.17　D	5.11.18　C	5.11.19　B	5.11.20　C

（12）工程测量模拟题答案

5.12.1　B	5.12.2　A	5.12.3　C	5.12.4　D
5.12.5　A	5.12.6　B	5.12.7　D	5.12.8　B
5.12.9　B	5.12.10　B	5.12.11　C	5.12.12　C
5.12.13　A	5.12.14　D	5.12.15　B	5.12.16　D
5.12.17　B	5.12.18　B	5.12.19　C	5.12.20　C

（13）土木工程施工与管理模拟题答案

5.13.1　B	5.13.2　D	5.13.3　A	5.13.4　D
5.13.5　B	5.13.6　D	5.13.7　C	5.13.8　B
5.13.9　A	5.13.10　B	5.13.11　D	5.13.12　A
5.13.13　C	5.13.14　D	5.13.15　B	5.13.16　B

5.13.17 B	5.13.18 D	5.13.19 A	5.13.20 B
5.13.21 D	5.13.22 A	5.13.23 C	5.13.24 A
5.13.25 D	5.13.26 C	5.13.27 C	5.13.28 B
5.13.29 B	5.13.30 B		

(14) 结构试验模拟题答案

5.14.1 D	5.14.2 D	5.14.3 B	5.14.4 C
5.14.5 B	5.14.6 B	5.14.7 C	5.14.8 C
5.14.9 A	5.14.10 C	5.14.11 D	5.14.12 D
5.14.13 C	5.14.14 B	5.14.15 A	5.14.16 A
5.14.17 C	5.14.18 C	5.14.19 C	5.14.20 B

(15) 结构设计的一般知识模拟题答案

5.15.1 B	5.15.2 A	5.15.3 C	5.15.4 C
5.15.5 D	5.15.6 C	5.15.7 D	5.15.8 A
5.15.9 C	5.15.10 D	5.15.11 C	5.15.12 B
5.15.13 B	5.15.14 C	5.15.15 C	5.15.16 A
5.15.17 A	5.15.18 D	5.15.19 A	5.15.20 D
5.15.21 C	5.15.22 A	5.15.23 C	5.15.24 B
5.15.25 D	5.15.26 A	5.15.27 C	5.15.28 C
5.15.29 A	5.15.30 D		

(16) 混凝土结构模拟题答案

5.16.1 A	5.16.2 D	5.16.3 A	5.16.4 D
5.16.5 D	5.16.6 B	5.16.7 D	5.16.8 C
5.16.9 D	5.16.10 B	5.16.11 A	5.16.12 D
5.16.13 D	5.16.14 B	5.16.15 B	5.16.16 A
5.16.17 C	5.16.18 D	5.16.19 B	5.16.20 A
5.16.21 C	5.16.22 C	5.16.23 B	5.16.24 A
5.16.25 D	5.16.26 C	5.16.27 C	5.16.28 D
5.16.29 D	5.16.30 D	5.16.31 D	5.16.32 A
5.16.33 A	5.16.34 A	5.16.35 B	5.16.36 C

5.16.37　A　　5.16.38　B　　5.16.39　C　　5.16.40　A

(17)　钢结构模拟题答案

5.17.1　A　　5.17.2　D　　5.17.3　A　　5.17.4　C
5.17.5　D　　5.17.6　B　　5.17.7　C　　5.17.8　C
5.17.9　A　　5.17.10　C　　5.17.11　B　　5.17.12　B
5.17.13　C　　5.17.14　C　　5.17.15　C　　5.17.16　B
5.17.17　C　　5.17.18　D　　5.17.19　C　　5.17.20　D
5.17.21　D　　5.17.22　D　　5.17.23　B　　5.17.24　A
5.17.25　D　　5.17.26　B　　5.17.27　C　　5.17.28　A
5.17.29　D　　5.17.30　C

(18)　砌体结构模拟题答案

5.18.1　C　　5.18.2　A　　5.18.3　B　　5.18.4　D
5.18.5　A　　5.18.6　B　　5.18.7　A　　5.18.8　A
5.18.9　D　　5.18.10　B　　5.18.11　D　　5.18.12　D
5.18.13　B　　5.18.14　B　　5.18.15　A　　5.18.16　C
5.18.17　B　　　5.18.18　A　　5.18.19　D
5.18.20　A、B、C　5.18.21　D　　5.18.22　C
5.18.23　A　　　5.18.24　B　　5.18.25　A
5.18.26　D　　　5.18.27　B　　5.18.28　A
5.18.29　C　　　5.18.30　B

(19)　桥梁工程模拟题答案

5.19.1　A　　5.19.2　D　　5.19.3　C　　5.19.4　C
5.19.5　C　　5.19.6　A　　5.19.7　B　　5.19.8　A
5.19.9　C　　5.19.10　A　　5.19.11　B　　5.19.12　C
5.19.13　D　　5.19.14　B　　5.19.15　A　　5.19.16　B
5.19.17　A　　5.19.18　C
5.19.19　$h=10.09m$、$b_1=2.385m$、$\alpha=0.327$
5.19.20　1901.2kN，纵向稳定满足要求

(20)　高层建筑结构、高耸结构及地震作用模拟题答案

5.20.1　B　　5.20.2　C　　5.20.3　A　　5.20.4　A

5.20.5 A	5.20.6 C	5.20.7 D	5.20.8 B
5.20.9 D	5.20.10 A	5.20.11 C	5.20.12 B
5.20.13 D	5.20.14 B	5.20.15 D	5.20.16 B
5.20.17 A	5.20.18 D	5.20.19 A	5.20.20 C
5.20.21 D	5.20.22 B	5.20.23 D	5.20.24 B
5.20.25 B	5.20.26 C	5.20.27 A	5.20.28 B
5.20.29 C	5.20.30 C	5.20.31 B	5.20.32 B
5.20.33 B	5.20.34 C	5.20.35 D	5.20.36 A
5.20.37 C	5.20.38 C	5.20.39 B	5.20.40 A

(21) 土力学与地基基础模拟题答案

5.21.1 C	5.21.2 B	5.21.3 A	5.21.4 A
5.21.5 C	5.21.6 D	5.21.7 B	5.21.8 B
5.21.9 A	5.21.10 B	5.21.11 B	5.21.12 A
5.21.13 C	5.21.14 C	5.21.15 D	5.21.16 C
5.21.17 B	5.21.18 107.25kN/m		

(22) 职业法规模拟题答案

5.22.1 B	5.22.2 A	5.22.3 C	5.22.4 C
5.22.5 A、B、E	5.22.6 B		
5.22.7 C	5.22.8 C	5.22.9 C	5.22.10 C
5.22.11 D	5.22.12 C	5.22.13 D	5.22.14 A
5.22.15 C	5.22.16 B		

6 国外注册工程师情况简介

6.1 美国注册工程师情况简介

6.1.1 考试与注册机构

美国的土木、化工、电气、环保、机械、制造、结构、航空航天、农业、控制系统、防火、工业工程、冶金、矿业、核工业、石油等专业的注册工程师考试,由全国工程与测量师考试委员会(National Council of Examiners for Engineering and Surveying,简称 NCEES)负责。该委员会由美国 55 个州及领地的工程师与测量师注册局联合组成。其主要任务是:

(1) 组织、管理全国工程师与土地测量师的统一考试工作;
(2) 收集、提供各州规范、法规、管理办法、编制考试用复习资料、考试手册等;
(3) 筹备、组织委员会的会议,准备有关资料和报告;
(4) 分析考试结果并通知各州;
(5) 档案的保存和查寻。

注册则由各州的注册局负责。考试及格不及格不完全取决于 NCEES,各州可根据自己的需要划定及格分数线。

职业考试合格后,可以在一个州注册取得执照。如需在其他州注册,可由 NCEES 出具证明后办理。

注册工程师的资格为终身制,但每 2 年要交费、换证,并提交已进行过 16 小时再教育的说明,否则不予注册。

如果设计上出现重大错误,或触犯了法律,就要吊销执照。

吊销执照工作由各州理事会负责，并报告 NCEES，由 NCEES 通报到各州理事会，使其也不能在其他州注册。被吊销注册人员 3 年后可重新申请注册，但在这 3 年内应参与工程实践。

6.1.2 考试制度与方法

NCEES 统一组织全国工程师与土地测量师的考试工作。

（1）教育评估

一般要求至少要毕业于经过全国工程技术评估委员会（ABET）评估合格的 4 年制大学工程系本科毕业，取得理工学士学位者。

（2）资格考试分两部分：基础考试和职业考试，每个专业都需要资格考试。

1）基础考试（全称 FUNDAMENTALS OF ENGINEERING EXAMINATIKN，简称 FE）。可以在大学最后一年毕业前就报名参加考试。

考试时间为 8 小时，分上、下午两段，每段 4 小时，其中上午段考基础理论，共 140 题；下午段考工程学原理的应用，共 70 题。考题内容如下：

上午段：分 10 门基础课题

① 数学　　　　　　　　　（考 20 题，其中计分 15 题）
② 电工线路　　　　　　　（考 14 题，其中计分 10 题）
③ 流体力学　　　　　　　（考 14 题，其中计分 10 题）
④ 热力学　　　　　　　　（考 14 题，其中计分 11 题）
⑤ 动力学　　　　　　　　（考 14 题，其中计分 11 题）
⑥ 静力学　　　　　　　　（考 14 题，其中计分 11 题）
⑦ 化学　　　　　　　　　（考 14 题，其中计分 11 题）
⑧ 材料力学　　　　　　　（考 11 题，其中计分 8 题）
⑨ 工程经济　　　　　　　（考 11 题，其中计分 8 题）
⑩ 材料科学/物质结构　　　（考 14 题，其中计分 10 题）

以上小计为 140 题，其中计分为 105 题，每一计分题为

1分。

下午段：分5门应用课题

①工程力学　　　　　　　　（考20题，其中计分15题）
②应用数学　　　　　　　　（考20题，其中计分15题）
③电气线路　　　　　　　　（考10题，其中计分7题）
④工程经济　　　　　　　　（考10题，其中计分7题）
⑤热力学/流体力学　　　　　（考10题，其中计分8题）

以上小计为70题，其中计分52题，每一计分题为2分。

以上合计为210题，全部是单选题（从5个选择中取其1），国际度量衡制与英制并用（准备逐步过渡国际制）。

注：从1996年开始，NCEES的FE考试的有了变化，即上午段改为120题，每题1分，下午段改为考专业基础理论知识，为：一般、土木、化工、机械、电气、工业等六个专业，考试可以从中选择一个专业，共60题，每题2分，其中土木专业考试内容如下：计算机与数值方法（10%考题）；施工管理（5%考题）；环境工程（10%考题）；水力学与水文系统（10%考题）；法律与职业（5%考题）；土力学与基础（10%考题）；结构分析（10%考题），结构设计（10%考题）；测量（10%考题）；交通设施（10%考题）；水的纯化与处理（10%考题）。

FE考试每年举行2次（4月、10月）。全国每年报名考试的在5万人上下。1993年10月通过分数为94分，以后每次考试的通过分数要以此为标准，根据考题难易适当调整通过分数。近年的通过率为60%~80%不等。

注：一般通过FE考试合格后，在职业工程师手下工作过4年；对于非正式大学毕业的，则要求有8年工作实践；如果只是高中毕业的，则要求有12年工作实践。

2）职业考试在具备以上所有条件后，可报名参加。

①专业分类和范围：

美国现行制度把职业工程师分为16种专业，即：化工、土木、电气、环保、机械、制造、结构、航空航天、农业、控制系统、防火、工业工程、冶金、矿业/矿物、核工业、石油。在

NCEES 的 1995 年理事会年会上，还通过增加 4 个专业，即：建筑工程、海洋、造船、军事（只要在理事会上提出需要新的专业职业工程师，通过后就可以设定考试。有些专业的考生越来越少如航空专业，这将来可能会取消考试。但新增专业或取消，都要经过理事会通过）。

②考试次数：

在 16 个专业中，有 6 个专业（化工、土木、电气、环保、机械、结构）每年考二次（4 月、10 月）；其他只考 1 次（10 月）。结构工程师有"结构 Ⅰ"和"结构 Ⅱ"两项，有 3 个州（伊利诺、夏威夷、亚利桑纳）要求全考，其他州只要求考"结构 Ⅰ"。加州规定作土木工程师 3 年后，才能考结构工程师，并且要考地震知识。

第 Ⅰ 类结构试题是测试应试者在明确规定的范围内所具有的知识广度。这种试题较短，但题型的广度较大。涉及的结构有建筑物框架、桥梁、基础和其他构件。材料包括钢筋混凝土、预应力混凝土、钢结构、木结构、砌体和地基。荷载包括静荷载各种类型的活荷载以及特别重要的水平荷载如风荷载和地震荷载。应试者应对自己选择的工作所包含的许多问题要十分地熟悉。

第 Ⅱ 类结构试题是测试应试者知识的深度和确定应试者是否有能力对整个结构进行分析和设计。

③各专业考试的内容：

总的来说，考试涉及各专业的设计、研究与开发、操作、应用以及系统与工艺的改进。有些问题可能要求有工程经济方面的知识。所有应试人上午场共应完成 8 道题和 4 道题答题，下午完成 4 道选择题，而结构 Ⅱ 考试应试人员完成 2 道解答题。

6.1.3 评分

考试题分为选择题和论述或计算题两类。

每道选择题的可选答案中，只有一种是正确的，评分为

1分。对不正确的答案不进行倒扣分。如果选择多于一个的答案也不计分。

对于论述或计算题,给出6个水准的评分方案。

评分为10分:完全胜任

最高分为10分。表明全部类型的题目回答符合要求。答案都在允许的范围内,但并不是完整无缺。

评分为8分:高于基本胜任,但低于完全胜任

评分为8分。说明所有类型的答案都符合要求,但存在不重要的缺陷。

评分为6分:基本胜任

评分为6分。说明所有的试题答案都处于基本合格的水准中。

评分为4分:高于基本知识水准,缺乏论证能力

评分为4分。说明应试者缺乏足够的知识对一个或几个问题进行论证的能力。

例如:方法近似正确,但答案不合理,或忽略了必要的规定。

评分为2分:基本知识水准

评分为2分。说明应试者明显不合格。例如:应试者不适当地应用理论和方法,或不能正确地辨别答案。

评分为0分:不具备该专业的基础知识

评分为0分。说明应试者不具备该专业的基础知识。

6.1.4 职业道德准则

美国全国工程师与测量师考试委员会(NCEES)为保证法律所要求的保障生命、健康及财产安全的目的,为促进公众福利,为保持职业人员的廉洁性及其实践的高标准,制订了《美国职业工程师职业道德示范标准》,就职业人员对社会的义务、注册人员对雇主或业主的义务和注册人员对其他注册人员的义务等问题,作了详细的规定,例如:

（1）注册人员在为业主、雇主及客户提供服务时，应当认识到其第一和首要的责任是对公众的福利负责。

（2）注册人员不得允许自己的或其单位的名字被用于任何在进行欺骗或不诚实的业务或职业实践的业务项目、个人或单位，或与其发生联系。

（3）注册人员只应在自己受过教育或有经验的特定的工程或测量技术领域范围内接受任务。

（4）注册人员不得从承包商、其代理人或其他方面，就与其为雇主或业主进行的工作有关事项，直接或间接地索取或接受财务或其他有价值的报酬。

（5）注册人员不得为取得任务直接或间接提出、提供、寻求或接受佣金、礼品或其他有价值的好处，也不得为影响取得公共部分的合同而做出任何政治性的贡献。

（6）注册人员不得直接或间接地通过恶意中伤或伪造来破坏其他注册人员的名誉、前途或就业，也不得随意批评其他注册人员的作品。

6.2 英国注册工程师情况简介

6.2.1 考试与管理机构

英国注册工程师的考试与管理工作由工程委员会（Engineering Council，简称 EC）负责。这是一个非政府组织。其工作覆盖 46 个不同专业的工程师学会和 16 个其他授权组织。

EC 下设专业常务委员会和工程师注册委员会，前者负责掌管注册标准和途径，后者负责注册工作。

6.2.2 注册资格分级

EC 注册资格分为三个级别：

（1）特许工程师（Chartered Engineer，简称 CEng）；

（2）副工程师（Incorporated Engineer，简称 IEng）；

(3) 工程技术员（Engineering Technician，简称 Eng Tech）。

各工程师学会的会员资格也对应地分若干级别。以土木工程师学会（ICE）为例，会员有资深会员（Fellow，FICE）、正会员（Member，MICE）、仲会员（As sociate member AMICE）、技术员会员（Trechnician member Eng Tech）、学生会员（Student member）、初级会员（graduae member）、联系会员（Companion）等多种。前二者是法定会员（Corporae member）。而其余的都属非法定会员（Non-corporate member）。

注册申请人可以直接向 EC 申请注册，但通常 EC 希望申请人先加入一个对口的工程师学会，取得一定级别的会员资格，那么注册资格即可自动获得。资深会员和正会员可对应取得特许工程师注册资格、仲会员可获副工程师注册资格，而技术员则可获工程技术员注册资格。

6.2.3 注册条件

注册资格有十分严格的要求。每一个级别的注册资格或者对应的会员资格都要满足三个阶段的要求，第一阶段是学历，第二阶段是培训，第三阶段是工作经验。土木工程师学会（ICE）对正会员的入会条件是这样的：

(1) 具有认可的学历。或具有经鉴定认可的学位，或达到其他等效学历要求。

(2) 达到了学会提出的核心目标。通常申请人应通过正规的培训以达到这一目标。申请人应受雇于一家经学会认可具有培训资格的公司，接受一位经学会批准的指导土木工程师的指引，制订一份培训协议书，经学会批准后遵照执行。培训时期一般为 2~4 年。培训既要达到学会规定的核心目标，又要满足公司提出的特定目标。也就是说在基本的和专业的知识的能力方面，在提出解决一个工程问题的办法方面及其实施的全过程方面，既要达到学会规定的原则要求，又能按公司的具体情况予以实现。在整个培训过程中要求受训人记好培训记录，并按季度撰写培训报告,最后要由指导工程师会同地区培训负责人一起进行考核(Training Review)。如果经考核,认为已经达到了培训协议中拟定的核心目标和特定目标,完成了各季度培训报告,也满足了继续教育的要求(见下文),培训才算通过。如果不能参加正规的培训,也有其他等效的变通途径可循,但往往所花的时间要更长一些。

(3)完成了继续教育计划。继续教育至少应有一半在培训阶段完成,其余在工作经验阶段完成。继续教育的方式可以是:课程、技术会议、研讨会、专业团体会议,有计划的自学和有组织的工地考察等。时间应不少于30天,每天以6小时讲课或指导性讲授计。学会建议的内容是:技术课程不少于10天,管理或专业课程不少于10天,安全问题不少于1天,3天的学会活动,以及其他内容。每个受训人的继续教育计划由指导工程师与其本人讨论后拟定。受训人的执行情况均应记入专业继续发展记录备查。最后由指导教师认定继续教育的要求是否已经达到。

(4)已经在土木工程的一个分支中具有负责承担工作的实验经验。申请人在这一阶段的受雇工作期间,要按学会要求提高其技术的和专业的工作能力,包括在实践中运用工程原理和工作经验对问题作出独立判断的能力;增进其对财政、商务、法令、安全和环境的认识和思考。

在这一阶段的最后要对申请人进行特许专业考核(Chartered Professional Review. CPR)。CPR是对申请人的工作经历的考核,以确认学会的上述要求是否达到。CPR的要求是很全面的。首先,申请人要交四份书面材料,一是专业继续发展记录,二是培训记录,三是一份关于培训和工作经验的报告(2000词汇),以表明其成绩、能力和经验,四是一篇项目报告(4000词汇),以阐述在一个以申请人为主完成的项目中,其本人所发挥的作用,判断和解决复杂问题的能力,以及技术水平、专业水平等。其次，申请人要接受两位具有高级法定会员资格的考核人的面试。面试的前 15 分钟让申请人讲解他的项目报告，接着由考核人就其工作经验阶段的情况进行提问，以确认学会的要求是否已经达到。面试一般要花 45~60 分钟。最后，在面试的同一天，申请人还要撰写 2 篇文章，以测试其英语书面交流能力以及清晰、简明、有条理地表达思想的能力。第一篇文章由考核人根据申请人 2000 词汇的报告和面试情况拟定 2 个技术主题，让申请人择一写作。第二篇文章则由考核人从学会拟定的题目清单中选 2 个题，给申请人选一个写作。每篇文章的写作时间各为一个半小时，每篇文章都要从相关知识、语法句法和表达清晰等方面进行评判。如果申请人成功地通过了 CPR，其正会员入会申请就会提交学会中的有关委员会审批。

（5）申请人年满 25 岁。

7 考试使用的规范、规程及参考书目

7.1 考试使用的规范、规程

7.1.1 2004年度全国一级注册结构工程师专业考试所使用的标准

（1）建筑结构可靠度设计统一标准（GB 50068—2001）

（2）建筑结构荷载规范（GB 50009—2001）

（3）建筑抗震设防分类标准（GB 50223—95）

（4）建筑抗震设计规范（GB 50011—2001）

（5）建筑地基基础设计规范（GB 50007—2002）

（6）建筑边坡工程技术规范（GB 50330—2002）

（7）建筑地基处理技术规范（JGJ 79—2002、J 220—2002）

（8）建筑地基基础工程施工质量验收规范（GB 50202—2002）

（9）混凝土结构设计规范（GB 50010—2002）

（10）混凝土结构工程施工质量验收规范（GB 50204—2002）

（11）型钢混凝土组合结构技术规程（JGJ 138—2001、J 130—2001）

（12）钢结构设计规范（GB 50017—2003）

（13）冷弯薄壁型钢结构技术规范（GB 50018—2002）

（14）钢结构工程施工质量验收规范（GB 50205—2001）

（15）建筑钢结构焊接技术规程（JGJ 81—2002、J 218—

2002）

(16) 高层民用建筑钢结构技术规程（JGJ 99—98）

(17) 砌体结构设计规范（GB 50003—2001）

(18) 多孔砖砌体结构技术规范（JGJ 137—2001、J 129—2001）（2002 版）

(19) 砌体工程施工质量验收规范（GB 50203—2002）

(20) 木结构设计规范（GB 50005—2003）

(21) 木结构工程施工质量验收规范（GB 50206—2002）

(22) 烟囱设计规范（GB 50051—2002）

(23) 高层建筑混凝土结构技术规程（JGJ 3—2002、J 186—2002）

(24) 高层民用建筑设计防火规范（GB 50045—95）（2001 年版）

(25) 公路桥涵设计规范（JTJ 021—89、JTJ 022—85、JTJ 023—85、JTJ 024—85、JTJ 025—86）

(26) 公路桥涵施工技术规范（JTJ 041—2000）

(27) 公路工程抗震设计规范（JTJ 004—89）

7.1.2 2004 年度全国二级注册结构工程师专业考试所使用的标准

(1) 建筑结构可靠度设计统一标准（GB 50068—2001）

(2) 建筑结构荷载规范（GB 50009—2001）

(3) 建筑抗震设防分类标准（GB 50223—95）

(4) 建筑抗震设计规范（GB 50011—2001）

(5) 建筑地基基础设计规范（GB 50007—2002）

(6) 建筑地基处理技术规范（JGJ 79—2002、J 220—2002）

(7) 建筑地基基础工程施工质量验收规范（GB 50202—2002）

(8) 混凝土结构设计规范（GB 50010—2002）

(9) 混凝土结构工程施工质量验收规范（GB 50204—2002）

（10）钢结构设计规范（GB 50017—2003）

（11）钢结构工程施工质量验收规范（GB 50205—2001）

（12）砌体结构设计规范（GB 50003—2001）

（13）多孔砖砌体结构技术规范（JGJ 137—2001、J 129—2001）（2002版）

（14）砌体工程施工质量验收规范（GB 50203—2002）

（15）木结构设计规范（GB 50005—2003）

（16）木结构工程施工质量验收规范（GB 50206—2002）

（17）高层建筑混凝土结构技术规程（JGJ 3—2002、J 186—2002）

7.2　参　考　书　目

1997年开始，全国注册结构工程师委员会便公布了注册结构工程师考试参考书目。2001—2002年，我国的结构设计规范、规程进行了修订，与规范、规程相关的参考书目有的进行了修订，有的未作修订。对于已作修订的参考书目，本书按新版书名进行了调整。

7.2.1　基础考试参考书目

（1）高等数学

①同济大学编．高等数学（上册、下册）（第三版）．高等教育出版社，1998

②同济大学数学教研室编．线性代数（第二版）．高等教育出版社，1991

③谢树芝编．工程数学——矢量分析与场论（第二版）．高等教育出版社

④陈家鼎，刘婉如，汪仁宦编．概率统计讲义（第二版）．高等教育出版社

（2）普通物理

程守洙，江之永主编．普通物理学（第三版）．高等教育出版社，1979

（3）普通化学

①浙江大学编．普通化学（第三版）．高等教育出版社，1988

②同济大学编．普通化学．同济大学出版社，1993

③刘国璞编．大学化学．清华大学出版社，1994

④余纯海，齐晶瑶编．工程化学．东北林大出版社，1996

（4）理论力学

①同济大学理论力学教研室编．理论力学（第一版）．同济大学出版社，1990

②谭广泉，罗龙开，谢广达，范第峰编．理论力学（第二版）．华南理工大学出版社，1995

③华东水利学院编．理论力学．人民教育出版社，1978

（5）材料力学

①孙训方，胡增强编著，金心全修订．材料力学（第三版）．高等教育出版社，1994

②刘鸿文主编．材料力学（第三版）．高等教育出版社，1994

（6）流体力学

①西南交通大学水力学教研室．水力学（第三版）．高等教育出版社，1991

②郝中堂，周均长主编．应用流体力学．浙江大学出版社，1991

（7）建筑材料

湖南大学，天津大学，同济大学，东南大学合编．土木工程材料．中国建筑工业出版社，2002

符芳主编．建筑材料．东南大学出版社，1995

（8）电力学

①秦曾煌主编．电工学（上、下册）（第四版）．高等教育出版社，1990

②罗守信主编．电工学（Ⅰ、Ⅱ）（第三版）．高等教育出版社，1993

③程守洙，江之永主编．普通物理学（下册）（第三版）（电学部分）．高等教育出版社出版，1979

（9）工程经济

①建设项目经济评价方法和参数（第二版）．中国计划出版社

②全国统一建筑工程预算工程量计算规则 $GJD_{G2-101-95}$

（10）计算机与数值方法

①谭浩强，田淑清编著．FORTRAN77 结构化程序设计．高等教育出版社，1985

②易大义，沈云宝，李有法编．计算方法．浙江大学出版社，1989

③颜庆津，刘运化，了逢彬，赵宗平编．计算方法．高等教育出版社，1991

（11）结构力学

①龙驭球，包世华主编．结构力学（上、下册）第二版．高等教育出版社，1994

②杨天祥主编．结构力学．高等教育出版社，1986

③杨茀康，李家宝主编．结构力学（上、下册）（第三版）．高等教育出版社，1983

④金宝桢，李家宝主编．结构力学（上、下册）（第三版）．高等教育出版社，1983

⑤金宝桢（主编）杨式德，朱宝华合编，朱宝华主订．结构力学（一、二、三册增订本）（第三版）．高等教育出版社，1986

（12）土力学与地基基础

①东南大学，浙江大学，湖南大学编．土力学．中国建筑工业出版社，2001

②华南理工大学．基础工程．中国建筑工业出版社，2003

③蔡伟铭，胡中雄编．土力学与基础工程．中国建筑工业出版社，1991

④顾晓鲁，钱鸿晋，刘惠珊，汪明敏主编．地基与基础（第三版）．中国建筑工业出版社，2003

（13）工程测量

①顾孝烈主编．测量学．同济大学出版社，1990

②羌荣林主编．测量学．浙江大学出版社，1989

③顾孝烈，鲍峰编．测量学实验．同济大学出版社，1996

（14）结构设计

①东南大学等四校合编．混凝土结构（第三版）（上、中、下册）．中国建筑工业出版社，2004

②范家骥等编．钢筋混凝土结构（上、下册）．中国建筑工业出版社，1993

③滕智明等编．混凝土结构及砌体结构（上册）．中国建筑工业出版社，2003

④蒋大骅，张仁爱主编．钢筋混凝土构件计算手册．上海科学技术出版社，1992

⑤欧阳可庆主编．钢结构．中国建筑工业出版社，1991

⑥陈绍蕃主编．钢结构（上、下）．中国建筑工业出版社，2003

⑦夏志斌，姚谏编著．钢结构—原理与设计．中国建筑工业出版社，2003

⑧罗福午等编．混凝土结构及砌体结构（下册）．中国建筑工业出版社，2003

⑨范家骥等编．砌体结构．中国建筑工业出版社，1992

⑩丁大钧．砌体结构．中国建筑工业出版社，2003

(15) 建筑施工与管理

①赵志缙等编．建筑施工．同济大学出版社，1993

②赵志缙，徐伟主编．施工组织设计快速编制手册．中国建筑工业出版社，1996

③中国施工企业管理协会组织编写．施工经营管理手册（上册）．中国建筑工业出版社，1988

(16) 结构试验

①湖南大学．易伟建．建筑结构试验．中国建筑工业出版社，2005

②王娴明编著．建筑结构试验．清华大学出版社，1988

③朱伯龙主编．结构抗震试验．地震出版社，1989

④姚振纲，刘祖华编著．建筑结构试验．同济大学出版社，1996

(17) 职业法规

全国注册结构工程师管理委员会编．一九九七年度全国一级注册结构工程师考试复习手册，1997

7.2.2 专业考试参考书目

(1) 建筑法规类

①中华人民共和国经济合同法

②中华人民共和国城市规划法

③中华人民共和国城市房地产管理法

④国务院：中华人民共和国注册建筑师条例

⑤国家计委：基本建设设计工作管理暂行办法

⑥建设项目环境保护设计规定

⑦建设部：建筑工程设计文件编制深度的规定

⑧建设部、国家物价局：民用建筑工程设计取费标准

⑨建设部：勘察设计职工职业道德准则

⑩国家计委等：建设工程招标投标暂行规定

⑪建设部：工程建设监理规定

(2) 建筑经济类

①关于调整建筑安装工程费用项目组成的若干规定

②建筑面积计算规则

以上二、三类收编于本手册内。

(3) 设计手册类

①《建筑结构静力计算手册》编写组．建筑结构静力计算手册．中国建筑工业出版社，1975

②沈杰编．地基基础设计手册．上海科学计算出版社，1988

③吴德安主编．混凝土结构计算手册（第三版）．中国建筑工业出版社，2003

④中国有色工程设计研究院编．混凝土结构构造手册（第三册）．中国建筑工业出版社，2003

⑤本书编委会编．钢结构设计手册（上、下册）．中国建筑工业出版社，2004

⑥重庆钢铁设计研究院编．工业厂房结构设计手册．冶金工业出版社，1996（⑤、⑥可任选其一）。

⑦苑振芳，钱义良，严家喜主编．砌体结构设计手册（第三版）．中国建筑工业出版社，2003

⑧中国建筑西南设计院主编．木结构设计手册（第二版）．中国建筑工业出版社，1993

⑨毛瑞详，程翔云主编．公路桥梁设计手册（基本资料）．人民交通出版社，1993

⑩王肇民主编．高耸结构设计手册．中国建筑工业出版社，1995

⑪建筑设计资料集（第一册，第16章经济）（第二版）．中国建筑工业出版社，1994

⑫卢谦等编．建筑工程招标投标工程手册．中国建筑工业出版社，1987

⑬龚思礼主编．建筑抗震设计手册（第二版）．中国建筑

工业出版社，2002

(4) 一般参考用书

①东南大学，浙江大学，湖南大学合编．土力学．中国建筑工业出版社，2001

②华南理工大学．基础工程．中国建筑工业出版社，2003

③郭继武主编．建筑地基基础．高等教育出版社，1990

④陈仲颐，叶书麟主编．基础工程学．中国建筑工业出版社，1990

⑤沈蒲生主编，梁兴文副主编．混凝土结构设计原理．高等教育出版社，2002

⑥沈蒲生主编，梁兴文副主编．混凝土结构设计．高等教育出版社，2003

⑦沈蒲生编著．楼盖结构设计原理．科学出版社，2003

⑧沈蒲生，罗国强编著．混凝土结构疑难释义（第3版）．中国建筑工业出版社，2003

⑨沈蒲生编著．高层建筑结构疑难释义．中国建筑工业出版社，2003

⑩湖南省土木建筑学会编．一级注册结构工程师考试必读．中国建筑工业出版社，1997

⑪沈蒲生，邓铁军主编．全国一级注册建造师资格考试（房屋建筑工程）模拟试题．大连理工大学出版社，2004

⑫李国强，陈以一，王从主编．一级注册结构工程师基础考试复习教程（第3版）．中国建筑工业出版社，2004

⑬孙垂芳主编，徐建，陈富生副主编．一级注册结构工程师专业考试复习教程（第三版）．中国建筑工业出版社，2004

⑭施岚青主编．一、二级注册结构工程师专业考试应试指南．中国建筑工业出版社，2004

⑮朱伯龙主编．混凝土结构设计原理（上、下册）．同济大学出版社，1992

⑯袁国干主编．配筋混凝土结构设计原理．同济大学出版社，1990

⑰陈绍蕃主编．钢结构．中国建筑工业出版社，2003

⑱王肇民等编．钢结构设计原理．同济大学出版社，1991

⑲王庆霖编．砌体结构．地震出版社，1991

⑳王庆霖，白国良，王宗哲，易文宁编著．砌体结构．中国建筑工业出版社，1995

㉑范立础主编．桥梁工程（第2版）．人民交通出版社，1991

㉒周远棣，徐君兰编著．钢桥．中国铁道出版社，1991

㉓方鄂华编著．高层建筑结构设计．中国建筑工业出版社，2003

说明：以上一般参考用书，可以用国内重点院校按规定教学大纲和规范编写的同类教材代用。